HOW DID THAT HAPPEN?
Holding People Accountable for Results the Positive, Principled Way

從負責到當責

我還能做些什麼，把事情做對、做好？

Roger Connors
& Tom Smith

羅傑・康納斯 ｜
湯姆・史密斯 ｜ 合著

江麗美 ｜ 譯

How Did That Happen?: Holding People Accountable for Results the Positive, Principled Way

Original edition copyright © 2009 by Roger Connors and Tom Smith
Chinese (in complex characters only) translation copyright © 2011 by EcoTrend Publications, a division of Cité Publishing Ltd.
Published by arrangement with Portfolio, an imprint of Penguin Publishing Group, a division of Penguin Random House LLC through Andrew Nurnberg Associates International Ltd.
ALL RIGHTS RESERVED.

經營管理 80

從負責到當責：
我還能做些什麼，把事情做對、做好？

作　　　者	羅傑‧康納斯（Roger Connors）、湯姆‧史密斯（Tom Smith）
譯　　　者	江麗美
企畫選書人	文及元
責 任 編 輯	文及元
行 銷 業 務	劉順眾、顏宏紋、李君宜

總 編 輯	林博華
發 行 人	涂玉雲
出　　　版	經濟新潮社
	104台北市中山區民生東路二段141號5樓
	電話：（02）2500-7696　傳真：（02）2500-1955
	經濟新潮社部落格：http://ecocite.pixnet.net
發　　　行	英屬蓋曼群島商家庭傳媒股份有限公司城邦分公司
	104台北市中山區民生東路二段141號11樓
	客服服務專線：02-25007718；25007719
	24小時傳真專線：02-25001990；25001991
	服務時間：週一至週五上午09:30~12:00；下午13:30~17:00
	劃撥帳號：19863813　戶名：書虫股份有限公司
	讀者服務信箱：service@readingclub.com.tw
香港發行所	城邦（香港）出版集團有限公司
	香港灣仔駱克道193號東超商業中心1樓
	電話：852-25086231　傳真：852-25789337
	E-mail: hkcite@biznetvigator.com
馬新發行所	城邦（馬新）出版集團Cite(M) Sdn. Bhd. (458372 U)
	11, Jalan 30D/146, Desa Tasik, Sungai Besi,
	57000 Kuala Lumpur, Malaysia
	電話：603-90563833　傳真：603-90562833
印　　　刷	漾格科技股份有限公司
初 版 一 刷	2011年7月12日
初版十九刷	2021年1月8日

城邦讀書花園
www.cite.com.tw

ISBN：978-986-120-903-6

定價：380元

Printed in Taiwan

〈出版緣起〉
我們在商業性、全球化的世界中生活

經濟新潮社編輯部

　　跨入二十一世紀，放眼這個世界，不能不感到這是「全球化」及「商業力量無遠弗屆」的時代。隨著資訊科技的進步、網路的普及，我們可以輕鬆地和認識或不認識的朋友交流；同時，企業巨人在我們日常生活中所扮演的角色，也是日益重要，甚至不可或缺。

　　在這樣的背景下，我們可以說，無論是企業或個人，都面臨了巨大的挑戰與無限的機會。

　　本著「以人為本位，在商業性、全球化的世界中生活」為宗旨，我們成立了「經濟新潮社」，以探索未來的經營管理、經濟趨勢、投資理財為目標，使讀者能更快掌握時代的脈動，抓住最新的趨勢，並在全球化的世界裏，過更人性的生活。

　　之所以選擇「經營管理—經濟趨勢—投資理財」為主要目標，其實包含了我們的關注：「經營管理」是企業體（或非營利組織）的成長與永續之道；「投資理財」是個人的安身之道；而「經濟趨勢」則是會影響這兩者的變數。綜合來看，可以涵蓋我們所關注的「個人生活」和「組織生活」這兩個面向。

這也可以說明我們命名為「經濟新潮」的緣由——因為經濟狀況變化萬千，最終還是群眾心理的反映，離不開「人」的因素；這也是我們「以人為本位」的初衷。

　　手機廣告裏有一句名言：「科技始終來自人性。」我們倒期待「商業始終來自人性」，並努力在往後的編輯與出版的過程中實踐。

目錄

第5章　檢視期望 ……………………………………………… 165

檢視你預期見到的一切／讓人們準備好接受檢視／我是個追逐者嗎？
／看視模型／正確的問題是……／信任，但是要證實／當責實況檢查
／檢視風格／管理未達成的期望／小結：正面又合理的方法

第6章　內環：管理未達成的期望 ……………………………… 201

未達成期望的實況／「不適合的人下車」，並非永遠都有道理／現實窗
口／解決未達成的期望／當責對話／扼殺對話的六個殺手／當責實況
檢查／內環運作的風格／內環／小結：正面又合理的方法

導讀
責任感最重要

司徒達賢

有年輕人問我：將來進入職場後，究竟哪些個人特質對前程發展最重要。若僅舉一項，則究竟應該是專業學識？人際溝通技巧？語文能力？國際觀？人文素養？追求卓越的精神？還是分析與決策的智慧？

我的答案是「責任感最重要」，如果缺乏責任感，就算以上一應俱全，也是徒然。

所謂責任感，簡而言之，就是從內心深處將工作任務的達成視為自己現階段人生目標的重要部分，進而專心全力投入以不負所託。

具有高度的責任感，就自然會出現以下的發展：

第一，由於專注投入，可以使過去所學過想過的，甚至點點滴滴的所見所聞，從潛意識中逐漸釋放出來。此一過程可以活化潛藏的知能，並且能在面對各種問題時，不斷地從各個角度來整合潛意識中的知識與經驗。

第二，專心投入以期完成使命，就會在過程中持續精益求精、研究發展。長此以往，相關能力自然提升。在此所指的研究發展，包括對自己做事方法的檢討、持續實驗新的工作方式，以及對他人行動與決策的觀察與學習。

第三，遇事盡心盡力，能力又得以持續成長，長官就可以放心交付更艱鉅的任務，而這些新的任務，又會帶來知能成長、職位升遷，以及進一步表現才華的機會。

基於責任感而對工作投入、精益求精，與「追求卓越」的意思不同。後者較著重於個人成就動機的滿足，以及對自己能力的提升與肯定；而前者則是希望**盡自己的力量，圓滿達成組織所交付的任務，或別人對自己的角色期望**。易言之，追求卓越比較是以個人的高層次目標為中心，主要是希望能展現自己的優秀與出類拔萃；**責任感則更具有組織或社會的意義，簡單地說，就是力求「對得起別人」**。

例如，在社團活動或班級活動中，默默地盡心盡力，用心構思，落實執行每一項細節，即是責任感的表現，但卻稱不上是「卓越」。然而，今天我們最需要，也最缺乏的，就是這種具有高度責任感的人。

如果組織中不論階層高低，人人都有高度的責任感，則大家在工作與決策上都會用心。即使其中能稱得上「卓越」的人十分有限，但只要人人都用心，整體組織的表現就會邁向卓越。就每一位個人而言，如果對大小事都能基於責任感而用心投入，則長期下來，其能力與成就也自然會日趨出眾。

我教了三十幾年MBA，歷年學生中，天資聰穎、口才好、反應快的占了很高的比例，然而，長期經驗顯示，他們必須同時擁有高度的責任感，最後才能出人頭地。

目前學校與家庭的教育方式，以及社會上短視近利的風氣，頗不容易培養年輕人的責任感。萬一將來發展成一個集體缺乏責

任感的社會，後果就不堪設想了。（轉載自《今周刊》2008年2月27日第584期，本文獲得作者授權同意轉載）

（本文作者為國立政治大學名譽講座教授）

推薦序
從負責到當責

張文隆

　　我很高興為《從負責到當責》繁體中文版寫推薦序，這是一本好書。希望我們可以一起在華人世界裡，為「當責式管理」（Management By Accountability）這個重大管理議題，共襄盛舉、共同努力。

　　我在美國時，與二位作者羅傑・康納斯（Roger Connors）與湯姆・史密斯（Tom Smith）曾經交談並交換意見，也聽過他們幾次在美國訓練與發展協會（American Society for Training & Development，以下簡稱ASTD）舉辦的講座。

　　《從負責到當責》原文書出版於二〇〇九年第三季，當年第二季時，ASTD在美國華府地區召開大會，當時本書尚未出版上市，各方就已大幅報導，讓許多人很期待。出版之後，在美國佳評如潮、暢銷至今，還曾得過幾個獎，可說實至名歸。我希望繁體中文版也能叫好也叫座，讓更多的華人企業與組織機構受益更多。

　　我認為，二位作者對美國企業與組織機構的貢獻，在於他們**把「當責」的意義，由原本消極的「事後追究責任」，提升到積極正面而公開的「事前承擔責任」。**

　　一般來說，在華人世界裡，事後究責總是節外生枝、避重就

輕，當事人總能推得一乾二淨；不過，在美國企業裡，通常能找到那位確實難辭其咎的當責者。所以，談起當責，許多人總有負面印象，甚至唯恐避之不及。

二十多年來，二位作者投入當責式管理，鍥而不捨地從觀念、架構、模式，到行為、文化、行動與成果，做出澄清與連結，賦予當責應有的正面意義與重要價值。

在某種意義上，讓我想起來，他們有些像前英特爾（Intel）執行長（CEO）安迪・葛洛夫（Andy Grove）。葛洛夫把Paranoid（中文常譯為偏執狂）這個詞，由原本帶有負面表述的患得患失、怕東怕西、疑神疑鬼，轉化為正面的領導力——葛洛夫希望領導者能如臨深淵、如履薄冰、戰戰兢兢、戒慎恐懼地經營事業。於是，他的名言：「Only the paranoid survive.」（這句話意譯的真義是：**「唯有戒慎恐懼者，才得以倖存。」**）成了傳世名言，讓企業人避免驕縱偏激，時時保持警醒。

本書二位作者也有許多至理名言，比方說，他們提倡為了交出成果，每個人應該隨時自問：**「我還能多做些甚麼？」**（What else can I do?）；尤其，重點在於「else」這一字，可謂擲地有聲。本書中，他們還有許多由經驗與智慧所積累的金玉良言，請各位讀者自行從書中深掘。

本書提供管理模式以幫助設定期望，然後讓人們負起當責。第一至五章聚焦在設定期望的四個階段——形成期望、溝通期望、校準期望與檢視期望；第六至十章協助人們管理「未達成的期望」，提供動機、訓練、文化與當責四項解決方案。全書共有20個管理模型、12種自我評量表格，以及無數個實用圖表、祕

技、表述，以及提問與比較；更有意義的是，還有將近100則精彩的古今東西故事與企業實際案例。在在切中書中各段議題與時弊，發人省思，也令人難忘。

就二位作者合作出書的歷史來看，《從負責到當責》一書自有其連貫性，它連結過去兩人之前的著作——《當責，從停止抱怨開始》（*The Oz Principle*，中譯本由經濟新潮社出版）談如何重建個人當責，另一本《翡翠城之旅》（暫譯，原書名*Journey to the Emerald City*）談如何創造當責文化。有趣的是，這兩本書的內容都源於一本著名的美國童話故事《綠野仙蹤》（*The Wizard of Oz*）。讓人看到這本童話書超過百年而不朽的精髓與人性光輝，也鼓勵了企業人勇敢踏上征途，靠著自己主動願意「多做一點、多扛一些、多走一段」的當責心念，才具有能耐、意志與眼界，努力回歸現實、達成願望。此外，本書第十章談到的文化解決方案，在二位作者二〇一一年第一季出版的另一本暢銷書《改變文化、改變賽局》（暫譯，原書名*Change the Culture, Change the Game*）有更多著墨。所以，他們在當責的思想、概念、行為、行動與文化上連成一氣，嘉惠企業與組織機構，值得推介與讚賞。

我在華人世界推廣當責的觀念研討與實際應用輔導，也有近二十年的經驗；我發現，在經營管理層面，西方的經理人比較重視觀念——觀念對了、通了，各方就會開發許多的應用工具；而東方的經理人則比較偏好直接應用工具，甚至有時還會覺得觀念流於空談。

本書二位作者的理念與我有頗多相通之處，但在應用上，卻

有很大的不同。例如，從負責到當責之後，我開展「從當責到授權」與「從授權到賦權」的輔導實務，釐清也重建了原本撲朔迷離的「角色與責任」世界，以當責式管理減少許多被藝術化的黑箱作業，進而強化圖解與流程的技術化與方法論。

所以，在這裡我也要內舉不避親地毛遂自薦我的兩本著作——《當責》與《賦權》（商周出版），也許正是補上「當責式管理」系列發展中缺失的一環吧？

「當責式管理」已為現代與未來領導者開啟了一扇大門，提升執行力與領導力以執行任務、交出成果——而不是交出報告、也不是交出理由或藉口。當責的大門既開，就請讀者諸君登堂入室、一窺堂奧。

現在，東西方的當責文化與文字在此合璧、一起發功。祝福各位領導者，日知其所無、月無忘其所能，閱讀愉快、應用有成。

（本文作者為當責管理顧問公司總經理、暢銷書《當責》與《賦權》作者）

推薦序
誰負責把事情做對、做好？　　　楊千

　　為什麼這麼多年來，食品濫用塑化劑卻沒人發現？

　　為什麼二〇〇八年發生金融海嘯時，才發現許多金融商品其實大有問題？

　　為什麼許多我們認為不該發生的事情，卻一再發生？

　　《從負責到當責》英文原書的標題就是「那件事怎麼會發生？（How Did That Happen?）」。二位作者羅傑‧康納斯（Roger Connors）與湯姆‧史密斯（Tom Smith）認為，是因為許多人沒有責任感、沒有盡到本分、沒有負起當責。

　　我們希望組織裡的工作者，不僅只是消極地上班工作，我們真正期待的是，每個人工作，是為了實踐承諾、交出成果，而且積極擔負完成任務的責任。因此，只有努力工作是不夠的，還要確保能夠交出成果。日復一日地上班、下班，並非工作真正的目的，它只是手段，目標為的是交出符合期望的成果。

　　當責的文化中，並不是負面地追問：「事情沒做成功，究竟該誰負責？」，而是在事情進行前與進行中，正面積極地問：**「誰負責把事情做對、做好？」**

　　二〇〇六年春天，我首次帶交大EMBA同學到中國北京大學參訪，當時，經濟研究院長林毅夫跟同學簡報「十一五規畫的

精神與內容」，我深深地同意他說的一句話：

「在一個組織裡，如果人人講求自己的責任，會遠比一個組織裡，人人講求自己的權益來得好」。

有時候，覺得**社會的一些混亂，肇因於太多人講求權益卻不講求責任。**

在二〇〇八年夏天，鴻海集團向交大提出將我借調二年的委託，協助該集團一部分幹部的領導力的養成訓練事宜。我在那兩年中，有機會見識到大集團的運作。

在郭台銘總裁的概念裡，只要能找到負責的人，責任會促使一個人去找到成功盡責的方法。但是，沒有責任感或無法為成果當責的人，就只會找藉口。

二位作者在本書用了一個很容易了解的「外環－內環」模型，加上許多淺顯易懂的企業個案，說明在組織內如何凝聚共識與方向，以及如何管理「尚未達成的期望」。書中更強調塑造一個當責的文化，以及讓期望鏈上的每一階層的人都能主動負起責任。

我想，二十一世紀應該是中國人的世紀，也是塑造當責文化的好時機，而這本書很值得做為當責式管理的參考！

（本文作者為國立交通大學經營管理研究所榮譽退休教授，曾借調至鴻海科技集團擔任董事長室永營專案顧問）

推薦序
讓美好的事情發生
王國隆

——當責管理是企業運作的基本功

　　我的專業是服務業，可說是人力密集的行業。員工們多在醫療院所、高科技公司、交通運輸業……等客戶的現場，提供環境管理、倉管物流、收發傳送……等後勤服務。因此，如何讓每一位員工在現場為客戶提供服務時，主動願意把事情做對、做好，這是長久以來，我們積極經營的核心工作。

　　而今，所有產業都已成為服務業，「人」也變成每家公司最重要的資產。如何讓每一位員工，都能有相同的價值觀，以及主動願意把事情做對、做好的工作態度，相信這是所有企業領導者每日追求的最大期盼。

　　當我讀過《從負責到當責》這本書之後，發現這個期盼是不僅可以做到，而且，並不困難！**只要能讓人發自內心願意主動當責，美好的事情就這樣發生了！**而且，要擁有這般美好的當責，不需要驚世駭俗的口號，只需要正面又合理的方法，就能達到全部來自「務實的基本能力」所產生的巨大實質能量。

　　我一口氣讀完這本書，內容非常淺顯易懂，讓我產生許多共鳴；不時將書中內容與現實工作中的情境彼此連結、互相印證。同時，我也學習到結構更完整的當責式管理基本原則與實務應

用，我覺得獲益匪淺。比方說，書中提到的由「何事—何時法則」（What—When），強化為「為何—何事—何時法則」（Why—What—When）（詳見本書第三章）。只要多一個「說明為什麼這麼做」的步驟，能夠頓時將威權式管理，轉化為取得團隊成員認同與主動願意「多做一點」的當責式管理。

此外，我相當認同作者貫穿全書的重點——啟動「善的循環」，以大家都能做到的方式，讓彼此都能維持在水平線上（詳見第九章【當責管理模型17】），讓自己當責、讓別人當責——這或許就是作者所指的正面又合理的方式（The positive and principled way）。

至於如何啟動「善的循環」，作者在書中不斷闡述「以正面又合理的方式」，激發人們發自內心願意自動自發當責，這也是唯一的方法。而且，當今的時代，威權式管理根本已經行不通，因為，它僅能動得了員工的「手和腳」，讓人把事情有做、做完而已，卻得不到員工的「心靈與頭腦」，也就是讓人主動願意當責，把事情做對、做好。

書中的數據指出，平均而言，美國企業僅有29%員工，在工作中全心投入、充滿活力。換言之，有71%同仁的貢獻度可以再大幅提升。

書中提到正面積極的案例不勝枚舉，以情境與對話說明什麼是當責。比方說，人們並非不想負責任，而是方法與訣竅不一致；或是共同創造擁有感（ownership），而不是停留在追逐者（檢視者）與被追逐者（被檢視者）的關係；以及轉變態度，從事後的負面結果究責或找藉口，轉化為在事前與事情進行中以正

向積極的態度當責。

　　我發現，**本書中說明當責式管理的實務層面，作者引述的英文單字，幾乎都是動詞，而不是名詞。強烈傳達作者們希望帶給讀者的是提升日常行為的實作法，而不是只有增加知識！**比方說，書中提及「形成期望」的「形成檢查表」，縮寫為動詞的 FORM（詳見第二章【當責管理模型8】），是由可建構的（Framable）、可達成的（Obtainable）、可複述的（Repeatable）與可測量的（Measurable）構成。「檢視期望」的「看視模型」縮寫為 LOOK（詳見第五章【當責管理模型11】），由傾聽（Listen）、觀察（Observe）、具體化（Objectify）與了解（Know）四個動詞組成。而組織誠信三個核心價值──貫徹執行（follow through）、面對現實（get real）、勇於發聲（speak up）也是動詞（詳見第十章）。

　　作者在每一個章節提出許多實作法，讓大家都能做到。務求不同工作風格或頭銜職位的讀者，只要按部就班、了解自己，開始練習並持續應用書中的步驟，就能在不知不覺中讓自己當責，也能進一步具備讓人主動願意當責的能力。

　　以管理流程的角度閱讀本書，整個分析、規畫、執行與控制的循環，很清晰地呈現在本書「外環」及「內環」的結構。只要能讓人願意當責，美好的事情就這樣發生了！想要擁有這個美好的當責，只需要以正面積極、合情合理的方法就能達到──不需要驚世駭俗的口號，而是全都來自於「回歸基本」所產生的巨大實質能量。

　　在本書每一個章節不斷出現的當責式管理的工具與個案，非

常淺顯且有結構，讓我看過了之後躍躍欲試、馬上想用。這些結構化的工具包含——圖解模型（graphic model）、自我評量（self-test）、檢視清單（checklists）、祕技（tips）與實況檢查（reality check）。逐步使用這些工具，就能從自我分析開始，一路邁向團隊成員的當責養成。此外，每個案例的標題與每章最後的歸納整理，如同船錨，隨時讓我可以聚焦，非常實用！

只要你願意開始實踐書中的實作法並且持之以恆，人人發自內心主動負起當責的日子，相信也會很快地來臨！

〔本文作者為新加坡聯合工程集團機構管理（威務威合）事業處營運長〕

言出必行、看見真相、有話直說

何飛鵬

最近，塑化劑汙染食品事件讓臺灣社會隱藏的妖魔紛紛現形，從塑化劑生產源頭，到分銷商，到食品大廠、中廠、小廠，再到賣場、零售商，全部捲入此一風暴。這個危害國民健康的重大毒害，讓人驚呼：「原來，臺灣社會也充斥著黑心廠商！」

令人氣憤的是，這些黑心廠商紛紛用各種理由替自己圓謊，就連向黑心廠商進貨的食品大廠居然也以「受害者」自居。因此，這段時間，臺灣社會充斥著各種的「睜眼瞎話」、各種強辭奪理、各種不成理由的藉口，讓我們嘆為觀止。

看著高呼冤枉的食品大廠老闆急於卸責、大喊無辜的企業廠商只想避責，讓人失望地問：「怎麼搞的？事情怎麼會變成這樣？」

從諉過他人的行為看來，我幾乎可以確定，目前臺灣社會的水準，從個人、企業到政府，距離「當責」（Accountability）還有一大段距離。因為，這些人的行為舉止完全沒有「問題『因我而起』，我要擔起一切後果」的想法，而這是「當責」的基本態度。

當責是一九九〇年代之後，全球最熱門的企業管理觀念，大

多數世界級公司都全力推動。在中國，「當責」譯為「究責」，在香港譯為「問責」，這兩種譯法都有更嚴苛的責任追究味道；臺灣的管理界為「當責」，口氣緩和些，也較具有人性，但意義相同。

當責可以分為個人與組織兩個層面來看——**當責個人通常顯得比較熱心積極，不論發生天災地變，一定會使命必達、完成組織賦予的任務，交出符合期望的成果。而且，當責個人不只做完分內的事，也會為了得到好的成果、好的績效，主動多做一點、多走一步、多擔一些。**

當責個人不僅把事情「有做、做完」，還進一步「做對、做好」。當責個人絕對不問「這個問題我該怪誰？」而是自問：**「我怎麼會讓事情變成這樣？」**當責個人也不會把「該做的事我都已經做了」當成藉口，而是自問：**「我能多做什麼，才能把事情做對又做好、交出符合期望的成果？」**

如果一個組織裡沒有當責文化，當責個人很容易顯得形單影隻、孤軍奮鬥。當責組織指的是能夠在制度與文化層面，支援當責個人的組織。不但具有鼓勵當責的文化，也具有維持當責的氛圍。

《從負責到當責》的作者羅傑‧康納斯（Roger Connors）與湯姆‧史密斯（Tom Smith），是美國知名的當責顧問，擁有超過二十年的經驗。他們認為，當責文化是確保組織能否成功的關鍵要素。

作者指出，當責組織通常具備三項核心價值——貫徹執行（Follow Through），面對現實（Get Real）和勇於發聲（Speak

Up）。貫徹執行是指「言出必行」，面對現實則是「看見真相」，勇敢發聲就是「有話直說」；在組織裡隨時強調這三種價值，不僅能讓人當責，也能交出符合期望的成果。

閱讀《從負責到當責》這本書時，也讓我想到自己對於當責個人與當責組織的體會：

當責個人──
我可以知道妳的名字嗎？

有一次，從臺北到吉隆坡的飛機上，因為是臨時行程，來不及訂到素食餐，所以在勉強用餐之後，我請來空服員，告訴她後天我會從吉隆坡回臺北，可否請她幫我代訂素食餐。

空服員和善地告訴我，她會轉告地勤人員，請他們處理這件事情。

我有點不放心，再問她一次：「我確定可以在回程吃到素食的機上餐嗎？」

她再一次回答：「我會轉告地勤人員處理。」

我抬頭望著她，以極為誠懇且認真地告訴她：「非常謝謝妳，我可以知道妳的名字嗎？這樣一來，當我回程班機上吃到可口的素食餐時，我才知道要感激誰！」

空服員愣了一下，遲疑地給我看了她的名牌，然後認真地告訴我：「何先生，你放心，我會追蹤這件事，你一定可以在回程班機上享用素食餐。」

接著，她問我要吃那一種素食餐？要東方素、西方素，還是

印度素？我因為沒吃過印度素，所以挑了印度素。

　　果真，在我回臺的班機上，吃到了印度素的機上餐，雖然印度素的口味我吃不慣，但畢竟我如願吃到了素食餐。

　　我不是個挑剔的人，但是，這個經驗讓我再度親身體驗「個人當責」的意義。很明顯地，空服員第一、二次的回答，她做到了「負責」，對我承諾她會轉告地勤人員，但不能保證地勤作業是否會確實完成，也不需要為最後的結果負責任。

　　可是，當我以感謝她熱忱而貼心的服務為理由，堅持追問她的名字時，她決定**做出「當責」的承諾，為這件事的結果擔負完全的責任**，所以給了我一個十分肯定的答覆，讓我對她所屬的航空公司有了更完美的印象。

　　用餐之後的航程中，這位空服員與我有了更多的互動，也對我有更貼心的照顧，顯然這一段對話，讓她更加倍且仔細地服務我。

　　企業組織中充滿了類似的情境，當客戶問到了原本不是你所負責的事，你的回答不外以下三種：

　　一、「這不是我的事，你可以去找某部門的某人處理。」

　　二、「我會幫你轉達給負責的人員，請他協助你處理。」

　　三、「你放心！我會轉告相關人員，我會協助你完成這件
　　　　事！」

　　第一種回答比較像公務員，用的是鋸箭法（只鋸箭竿不拔箭頭，比喻治標不治本）；第二種回答最常見，是受過訓練的負責

工作者通常的答案。

　　可是，第三種回答，就是當責工作者的做法——為了言出必行，他們願意多做一點、多走一段、多擔一些；當他們為交出成果做出承諾時，心裡這麼想：**「雖然這件事不歸我負責，但我現在決定『擁有』（own）這件事，這件事就是我的事，我會確保這件事一定可以完成、交出成果！」**

　　當責的工作者除了做自己分內的工作以外，還會為原本不屬於自己責任範圍的事情，額外多做一些，讓所有的客戶感受到員工與公司融為一體，貼心的態度、得體的應對，讓客戶也能得到滿意的服務。

　　除了親身體驗到這位空服員以言出必行、說到做到的方式，充分展現個人當責之外，我對於當責組織也有些體會，尤其是政府組織。

　　事實上，不只企業推動當責，就連多國政府也爭相推行：大陸、香港、日本、美國等，只有臺灣政府置身事外。從二○一二年元旦起，臺灣將正式展開規模最大的政府組織改造行動，中央政府的部會將由現有的三十七個單位精簡為二十九個。這對長期效率不彰的臺灣政府，當然是一個值得期待的行動，但是這個以「精簡」、「合併」概念的變革，真的能讓政府提升效率嗎？

當責組織——
人人多做一點，為結果承擔全責

　　衡量一個組織是否有效率、是否能完成工作目標、工作者是

否能承擔責任，約略可以分成三種形態：卸責、負責與當責（詳見【附圖】）。

　　績效不佳、管理不善的公司，通常是卸責組織；稍上軌道的公司，績效尚可，通常是負責的組織；卓越的公司，績效卓著，極可能是當責的公司。

　　若用前述三分法，觀察臺灣政府當責程度，臺灣政府應是不折不扣的卸責組織，部分好的單位或許勉強符合負責的下限，但大多數的單位與公務員，推諉卸責、找理由、找藉口的失職工作者，這從日常政務推動，經常出現離譜錯誤，抗震救災常錯過時效等經驗來看，臺灣政府大有改進空間。

【附圖：三種當責層次】

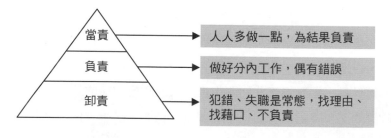

所以，此次政府要推動組織改造，除了部會整併，更重要的是引進「當責」管理概念、制度，讓每個公務員從工作觀念、態度徹底改變。從當責個人、當責團隊一直到當責組織，才有機會改變政府效能、效率，也才有機會改變人民對政府部門的不良印象。

　　或許有人會問，臺灣政府如果是一個「卸責」組織，那應該

先設法讓其變成「負責」的組織，為何要一步跨越到「當責」，這樣會有效率嗎？

理由很簡單，政府體系的任務與分工明確，如果每個單位、每個公務員都做好分內的事，要達到「負責」的水準並不難，問題是所有的政府單位都「人少事繁」，所以事情做不完、做不好、有錯誤是常態，一旦有錯，也就不好「究責」，大事化小，小事化無，官官相護變成必然。長期下來，政府機關就變成有錯就找理由、找藉口，不用為錯誤與績效不彰負責的「卸責」單位。

臺灣政府不可能有預算，編制更多的人力，做好每一件事（企業界通常也以「五人事、三人做」的人力配置完成任務），所以最好的方法就是徹底改變工作態度，與組織運作邏輯，直接導入「當責」的制度。要求每一個單位、每一個公務員用成績說話，為好的結果、好的績效負責任，而不是「沒功勞也有苦勞」。

如果臺灣政府願意師法企業界，引進「當責」制度，絕對有機會讓臺灣公務員體系的「醬缸」文化撥亂反正，也有可能讓臺灣的公務員找回一些尊嚴。

多年的管理經驗讓我深知當責個人、當責組織的重要性；因此，當我看到《從負責到當責》的兩位作者，細心設計出一套落實當責的管理實務時，讓我如獲至寶。尤其是作者提到「許多偉大的組織都有一個特色，那就是他們善於管理『未達成的期望』」，更讓我心有所感。因為，一個組織如果產生「未達成期望」的成果，輕則延遲交貨、損害商譽，重則造成傷亡、導致慘

劇。因此,唯有培養當責個人與建構當責組織,才能有效管理「未達成的期望」,讓人交出符合期望的成果,達成組織的共同目標。

《從負責到當責》書中,有許多自我評量、圖解模型、圖表與案例故事,一邊閱讀、一邊可以學習如何以正面又合理的方式,在組織裡落實言出必行、看見真相、有話直說的當責文化;讓人主動將「當責」設定成自己的核心價值,心甘情願為自己、為別人、也為成果當責。

相信看完本書,你也能成為看見真相、為社會當責的「楊技正」(楊姓技正任職於行政院衛生署食品藥物管理局,塑化劑汙染食品事件由她主動揭發)!

(本文作者為城邦媒體集團首席執行長、暢銷書《自慢》作者)

前言

　　二〇〇八年，歷史性的美國總統大選競選活動進入最後階段，美國民眾最關切的議題，莫過於日益惡化的經濟。彷彿一夕之間，全球金融海嘯背叛整個國家，改變了金融市場的所有形貌。股票市場崩盤，道瓊工業指數損失了近半的市值，世界各地的市場無一能倖免。

　　時至二〇〇八年十月，世界上有許多證券交易市場下滑達10%，跌幅名列史上前幾名。美國金融市場一夕之間全面崩解，造成的影響遍及海外。比方說，冰島有許多銀行倒閉，使得整個國家宣告破產。歐洲的失敗顯示，就連全世界歷史悠久的國家也無法從金融海嘯全身而退。世界貨幣基金（IMF，International Monetary Fund）警告，全球金融體系正在瀕臨系統性崩潰。英格蘭銀行（Bank of England）的代理總裁也宣稱，這「也許是人類歷史上，此類金融危機最嚴重的一次」。

　　由於世界金融市場的崩潰，人們的財富也開始急速縮水。伴隨而來的是個人投資者的退休金帳戶價值減少，家庭房貸繳不出來，飆高的失業率，加上企業預算刪減，使得這起災難蔓延到了個人的層次。這些突發性的一系列變化使得一般人和華爾街的金

融人士都不禁要問：「怎麼搞的！事情怎麼會變成這樣？」

似乎沒有人預見它的到來。從金融專家、市場大亨、企業領袖、政府官員到路人甲，全都無一倖免。然而，如果仔細觀察，也許就能在事前隱約發現惡兆。比方說，房屋價格的成長速度高於收入、個人存款跌到一九三三年與經濟大蕭條之後的新低點。房貸業者推出所謂次級房貸（subprime loans）的金融商品，根本不查證買方的收入，也不需要頭期款。金融機構以不動產抵押債券的形式，買進數以億計的這類岌岌可危的貸款。其中，還包括全球最大和最受推崇的銀行。

事後看來，這些高風險的投資和其他的財務決策，例如刻意降低利率，都是輕忽經過證實的經濟學原理的結果。儘管如此，這場驚天動地的災難，彷彿完全出乎人們的意料。

事實上，根據我們估計，二〇〇八年的全球金融海嘯，將在史上成為過去五十年來最嚴重的「當責管理」案例。

「怎麼搞的！事情怎麼會變成這樣？」這個問題，通常會帶出它的必然推論：「誰該負責？」

你可以輕而易舉指認一堆共犯——「政客」和「政府單位」對房貸市場的規範失敗；「評比機構」給了不動產抵押債券最高的評價，暗示它們是安全的投資。此外，還有「購屋者」與「銀行」——許多購屋者假設，在浮動利率升高到他們無法負擔之前，他們就能夠將手上的房子脫手。而銀行把錢借給購屋者，狼吞虎嚥次級房貸（subprime lending）的短期利潤。而貪婪的「投資客」與「市場投機客」下注，賭一賭情況可能惡化到什麼程度。

　　而且，我們別忘了，整件事情的開端，是因為許多華爾街金融機構的「巫師」，發明複雜靈巧又無人能懂的金融工具，最後，終於打垮許多聲譽極佳的公司，例如雷曼兄弟（Lehman Brothers）、貝爾斯登（Bear Stearns）、摩根史坦利（Morgan Stanley）和美國國際集團（AIG，The American International Group）。

　　誰又會想到美國三大汽車公司的執行長，搭乘他們的私人飛機到華府朝聖，懇求美國國會貸款數百億元，解決這個累積了數十年的危機？憤怒的美國人不禁要問：「到底誰該負責？」不只是為這一團混亂負責，還要能扭轉劣勢，究竟有誰能做到呢？即使聯邦政府已經開始設法解決問題，人們還是滿腦子的問號：「怎麼搞的！事情怎麼會變成這樣？」

　　改革與當責法案（Reform and Accountability Act）中的紓困計畫（Troubled Assets Relief Program）執行之際，似乎還是沒有人能夠為這些錢的流向負責。顯然這些銀行的領導者認為，即使納稅人繳稅數百億美元，自己依舊不需要為所作所為負責。更令人錯愕的是，取得政府大筆資助的機構，例如房地美和房利美（Freddie and Fannie Mae），它們一面掙扎著避免破產，但是之前的領導者卻照常領了大筆的紅利。政府、華爾街和世界各地的企業界，都陷入嚴重的當責（Accountability）問題，無論他們是否明白。

　　當責？人人都在談論這問題，股東也要求，納稅人也想要，利害關係人也都堅持。但是，究竟什麼是當責？你又該如何讓人當責呢？

我們公司——領導夥伴企管顧問公司（Partners In Leadership Inc.），二十幾年來在當責訓練課程（Accountability Training）的領域，廣泛研究世界各國的領導者，而且傳授當責式管理的課程；因為，我們相信無論在個人或組織生活當中，對個人、團隊與組織的成功貢獻最大的莫過於「人的責任感」。我們做為公司的創始人，開發各種當責管理的方法，幫助許多大型公司的股東創造了數以億計的財富，並且為數不清的員工提供了充實而正面的工作環境，同時將優越的產品與服務送達顧客手中。

然而，成千上萬頂尖企業的領導者與我們共事的過程裡，我們總是聽到同樣的問題：

「儘管我們已經盡力讓一切按照我們的期望進行，那些天外飛來的災難還是照常發生，這到底要如何避免才好？我們要如何改善追蹤的程序，才能得到我們期望中的成果？我們又要怎麼做，才不會讓人們心懷怨恨，產生抗拒心態，也才不會讓他們覺得遭到操弄或控制？」

為了回答這些問題，我們精心製作一些讓人當責的基本步驟，讓每一個人都能夠以正面而妥善的方式建立正確的期望，並管理「未達成的期望」。這種正面又合理的當責式管理，不僅能啟發人心，讓他們滿意自己的工作，而且能夠得到你期望中的成果。

當組織運用當責式管理讓人們看見清晰的圖像，同時在它的文化裡，建立每一個階層的當責規範，成果自然而然就能隨之而來。

但是，不幸的是很少領導者能夠以正確合理的方式做到這一

點。當人們聽到這個問題：「**誰該負這個責任？**」時，往往就會潛入水中尋找掩護，害怕有人會遭到懲罰。使用這個方法的人難免會發現，他們愈想卸責，情況就愈糟。失望感愈深，成果也愈差。大家都很洩氣，或是到頭來，覺得自己被出賣了。

當今的職場已經變得很複雜，創造當責的古老方法再也不管用。新一代的工作者迥異於過去曾經打過二次世界大戰的「最偉大的世代」（The Greatest Generation Ever），也和嬰兒潮世代或甚至比較近期的「八〇後世代」有所不同。**如果你不尊重世代差異，不採取合宜的新式管理風格，就很難期待這些年輕工作者回報給你的是想像中滿懷熱誠與努力工作。**

最近佐格比國際公司（Zogby International）進行一項全美民意調查（那是美國同類調查裡規模最大的一次），結果顯示，各企業的管理階層何等嚴重的誤用當責式管理。

該調查顯示，有25%的美國員工形容他們的工作場所充滿「專制的氣氛」；只有52%的人說他們的上司「善待部屬」。覺得他們的同事上班時間「經常或大多數時很帶勁」的比例為51%（換句話說，也有近一半約49%的員工上班沒勁）。所以，到底問題出在哪裡？是這些人很懶惰嗎？他們在工作中投入程度太少？他們根本不在乎自己和公司是否成功？或者，只是因為他們不了解如何讓彼此當責？不知道如何激勵大家掙得成果、符合人們的期待？

總而言之，我們幾乎可以保證，問題在於讓人當責的方法與訣竅是否恰當，而不是他們欠缺動機或是不想負責任。

真正的當責式管理與懲罰無關。也不是為了報復某個無法滿

足你的期望的人。

　　到底什麼是當責呢？對某些人來說，當責是一場「表演」，唯有受到威脅，怕自己因為表現不佳而遭受懲罰時，才會表現出當責的行為。但是，對其他人來說，那是一種「態度」，一種看待自己處境的方式，無論你的處境是好是壞，而且你認為只有自己能為自己的下一步當責，怪罪別人只會浪費時間與精力而已。對我們來說，最真實本我的當責是一種個人的「態度」，可以顯示你的真面目。那是一種「存在方式」，可以使你和你的團隊及組織內的每一個人產生力量，使你們能夠滿足最高期待，甚至更上層樓。

當責的兩面

　　過去二十年來，和我們合作的客戶都想要滿足他們的市場、股東、客戶和其他所有利害關係人（stakeholders）的高度期待。我們協助過各種型態與規模的公司，在他們的組織內採取當責管理方式，而使他們獲利頗豐，因此，我們確信當責的銅板有兩面——一面是要**讓自己負起責任**，另一面則是要**讓別人負起責任**。

　　在我們的第一本書《當責，從停止抱怨開始》（*The Oz Principle*，中文版由經濟新潮社出版）中，我們將焦點集中在人們為成果負起責任的重要性。《當責，從停止抱怨開始》被肯定為一本突破的作品，其中已經證實奏效的當責步驟（Steps to Accountability），以及它的水平線上（Above the Line）的哲

學，都已經開始為組織建立當責必要的基礎，使他們得以組成一支當責工作部隊，由上而下深入到各個階層。

組織若是欠缺這個基礎，就很容易看見人們失去個人的熱情，而那卻是取得成果必備的條件。他們只會向外追求改變，期待別人去尋找問題與挑戰的解決方案。他們看到的都是別人需要改變，卻看不到自己。但是能夠為成果當責的人，卻會向內求取改變，採取當責步驟。他們會自動自發、隨機應變，全心全意想著「我還能做些什麼，把事情做對又做好，取得符合期望的成果？」。他們養成習慣，凡事**正視現實**（See It）、**承擔責任**（Own It）、**解決問題**（Solve It）、**著手完成**（Do It）。他們知道自己可以克服所有的阻礙，創造自己想要的成果。

我們的第二本書《翡翠城之旅》（*Journey to the Emerald City*）也有所突破，因為它探索的是組織在創造當責文化（Culture of Accountability）時，必須行走的道路。當責文化的定義，就是在一個團隊、部門或公司內的文化中，人們願意當責，思想行為方式都是為了求取組織希望的成果。組織清楚定義它期待的成果之後，便能夠有效標示達成這些成果所需的文化上的改變。校準這些改變，朝著定義清楚的方向前進，再結合主要的文化管理工具，並實施組織系統所需的變動，便能夠加速轉進當責文化。

我們曾經和七百多家公司以及成千上萬的個人合作，實踐我們書上和我們的當責訓練課程中的模型與方法。我們和世界各地的領導者、中級主管和前線的員工共事的過程裡，很少遇到有人到最後仍不願意勇於當責求取成果，幫助他們的組織達成目標。

我們確信人都會受到有意義的工作的激勵，也會想要參與一個更遠大的目標，而不是只想固守他們自己的工作職掌。他們在解決問題，克服困難之後，會有種滿足感。工作無法達到預期成果時，總會陷入指責、恐懼、冷漠、困惑與沮喪的惡性循環；不過，當他們展現出做得到的態度（can-do attitude），拒絕加入這種惡性循環時，就會過得比較快樂。

現在，在這本書裡，除了自己勇於當責之外，我們檢視當責銅板的另一面：**讓**他人為成果負起責任，以克服所有破壞性的行為，這些行為已經腐蝕了太多的組織。你在試圖讓人當責時，往往會產生後坐力，而**傷害**你的目標。如今這種情形將不再發生，你也不會再覺得茫然失措，琢磨著還能做些什麼，才能讓別人根據期望達成任務。你也不會在費盡心思之後，看見結果依然大吃一驚，心想：「怎麼搞的！事情怎麼會變成這樣？」

幾乎所有的計畫，都免不了有些不愉快的「意外」，但是，你只要遵循我們在本書中詳細說明的當責流程（Accountability Sequence）步驟，你就可以學會如何避免那些出乎意料的禍害，而且會發現當責流程是讓人取得成果的關鍵。而這些人，就是你仰賴交出成果的重要夥伴。

當責流程的方式與步驟，是我們在監管一項後院的建造計畫時構思完成的。當時，我們要蓋的是游泳池和涼亭，需要幾位工人的配合，包括怪手操作工、水管工、電工、蓋屋頂的工人和園藝工人。不過，所有常見的「意外」都趕來湊熱鬧——怪手操作工挖壞一段埋在地下的電纜線；而且，一開始時，電路線放在錯誤的地方；建築工也找不到搭配房子的薄木板。

　　儘管發生這些插曲，有一天，當後院依舊如期興建完成時，我們都圍繞著涼亭欣賞成果。有一位負責處理混凝土表面的泥水工，從計畫一開始就和大家在一起，此刻他靠著附近的一把鏟子。

　　「嘿，」他喊道：「看起來真的很棒呢！」

　　的確，當我們站在那兒瞧著完成的產品，回想著過程中我們克服的所有挑戰，大聲讚嘆：「哇！真是不可思議！這是怎麼辦到的？」

　　我們輕鬆愉快地閒聊這個問題，也想像著當人們遭遇一次意外的挫敗之後，其實只要一次能有效讓人當責的成功經驗，就能夠避免類似的挫敗，也能從此不再像以前一樣，經常臉色鐵青地問：「怎麼搞的？事情怎麼會變成這樣？」

　　過去二十年來，我們蒐集豐富的故事與個案研究，用它們來闡釋，只要人們能夠正確了解及運用當責式管理的觀念，它可以如何為世界各地的公司產出成果。你將在本書中讀到的故事，都是出自我們在業務上看到的真實案例，代表著我們曾見到嘗試讓人當責的成功與失敗案例。

　　你可以想像，我們有許多客戶公司都有既定的公司政策，無論故事對它們的形象是否有正面幫助，我們都不能將它們的真實名字使用在出版品。為了尊重客戶的公司政策與維護客戶隱私。

　　因此，本書案例中提及的名字都使用化名，包括人名、公司名、行業別，以確實為我們的客戶保密。其餘的部分，例如故事情節，我們保證確有其事而且如實描述。

　　有許多案例與故事，確實反映那些牽涉當責的人，也提供實

質的證據，顯示我們傳授的當責式管理確實管用。這些案例包括：一個全美知名的眼鏡公司，他們在組織內用過我們的訓練之後，一年之間營業額成長 2.14 倍；有家大型的運動器材製造商在兩個月之間，營業額和獲利率分別提升 13% 和 66%；一家寵物照護產品製造商的意外事件降低了 75%，而且大幅縮短新產品上市的時間。

當責的人，就會得到成果。當責文化，會製造成果。以正面又合理的方式讓人當責，保證會產生成果。

當責流程

我們花了許多時間、精神、思考與經驗，才能掌握如何以正面又合理的方法讓人當責，我們將這些方法濃縮成一套簡單的步驟，稱為當責流程（Accountability Sequence）。當責流程分為兩部分——外環（Outer Ring）與內環（Inner Ring）。本書的前半部（第一章至第五章）將介紹外環，也就是你與那些你仰賴他們達到目標的人之間，形成期望、溝通期望、校準期望與檢視期望的領域。

請注意，外環談的是設定期望，設定與維持我們和別人之間的當責關係，同時建立基礎，進而真正又有效讓人當責。

本書後半部（第六章至第十章），我們提出內環，你將進入當責對話（Accountability Conversation）的領域，決定如何處理未達成的期望。

在當責對話中，你必須面對無法交差的四大主要原因：動機

【當責管理模型1：外環：設定期望】

【當責管理模型2：內環：管理未達成的期望】

不足、訓練不良、太低的個人當責和缺乏效能的文化。用正確的方案（較強的動機、有目標的訓練、更多的個人責任感、更正確的文化）解決這些問題，就可以扭轉劣勢，成功交出達成期望的成果。在這些章節裡，你會發現一整套實用的工具，它們可以用來幫助那些你賴以解決問題的人，讓他們實現你的期望。

【當責管理模型3：內環：四項解決方案】

　　這個完整的模型是個概要，代表我們將和讀者一同遊歷的本書內容。從外環走到內環，你將學會如何比目前更有效地讓人當責——也許好過你過去的想像。

　　當責流程的模型顯示期望與當責之間有著密切的關係。事實上，我們終於了解，期望與當責是密不可分的。在每一個正常的日子裡，我們都會讓許多人滿足我們的期望，比方說，同事、上司、組員、部屬、供應商，甚至顧客。當你了解期望與當責之間

【當責管理模型4：當責流程】

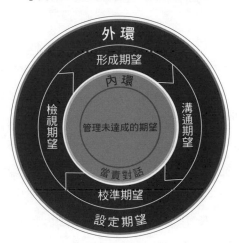

不可分割的關係，就會開始發現讓人當責的祕密。

試想：「你要讓別人『為了什麼』而當責？」

我們認為，大多數正在閱讀本書的人都會正確地回答：「成果」。

我們也認為，你說的「成果」，意思是指「期望別人交出你想要的成果」。

說穿了，當一天下班時，你只會讓別人當責一件事——你對他們的期望。無論你的期望是要某人準時交出一份報告、這一季要有好的業績、根據某個規格做出一項產品，或是在這一天的某個時間送交一個零件——它們全都是期望，都是你需要別人為你做到的事。管理那些期望的流程，就是要求他們當責。以正面又合理的方式要求他人，不僅能夠得到成果，而且還能夠同時提升個人與組織的士氣。

正面又合理的方法

本書提供各式各樣的工具，讓你更能夠透過別人得到成果。這些工具能讓你看見，如何更有效地讓你依賴的人滿足你的期望。它讓你明白如何讓他們當責，如何激勵他們，給他們支持與鼓勵，幫助他們取得你想要的成果。外環的每一個步驟都會提供一個關鍵工具，讓你直接輕鬆地應用在工作上。

往後的章節裡，你會發現豐富的祕技，讓你確實知道如何將外環與內環的每一個步驟執行成功。每一個步驟都包含了各式各樣有用的工具，比方說，當責式管理的圖解模型（graphic model）、自我評量（self-test）、檢視清單（checklist）、祕訣（tip），以及實況檢查（reality check）。看完每一章之後幾分鐘，你就可以將某一項法則或實務應用到你的工作上。它就是那麼實際，不可或缺又好用。在今日複雜又快速變遷的商業氛圍裡，任何有意獲取成功的人，都必須抱持讓人當責的哲學；但是，如果你欠缺一個堅實而步步為營的方法確保你的成功，抱持這種哲學根本毫無意義。

本書給你全面的方法，找到讓人當責的訣竅。你會發現，本書中有許多模型、練習、工具、祕訣與案例，它們可以幫助你和你所依賴的人取得成果、邁向成功。

我們認為，最容易獲益的方法，就是花時間時常回來檢討與練習外環或內環的某一個步驟。這本書並不是讓你讀過一次，覺得掌握了所有的概念就夠了。而是，我們邀請你花時間回頭複習外環或內環的每一個步驟，用我們提供的工具去練習它的應用。

在每一章的當責實況檢查（Accountability Reality Check）中，都有一個應用的建議。我們建議你，不要只是瞥過這簡單的段落，而是要花時間，用它來做實驗。這麼做可以讓你馬上應用每一章介紹的那些法則，看它們對你的日常工作有何積極正面的影響。

在每一章最後，我們會以小結的方式，歸納該章的主要概念與實做技巧。這個摘要的標題為「正面又合理的方法」（The Positive Principled Way），它會提醒你該章介紹的工具與方法，使得讓人當責的過程不僅「積極正面」，也「有憑有據」。各章節中的概念、模型、哲學、方法與點子都是一些法則，讓人們覺得你執行當責的方法是公平合理，可預測而且有誠信的。當人們體驗到這種當責式管理，他們自己也會願意全心擁抱它。

運用當責流程的外環和內環技巧，它們在此時此地，就可以幫助你，讓所有和你合作的人當責，做到你需要他們做的事情。如果你把當責變成你的標準作業程序，只要你的方法正確，他們也許不會知道你是怎麼做到的，但是，他們會知道有些事情確實發生改變——或許，他們樂見你們之間的關係，變得較為和諧又有效率；感受到每件事情的重點都很清楚，不必費時揣摩或費心猜測你的想法。而且，他們對於工作的態度會更主動，也愈能夠交出你期望的成果。

最後，當一天的工作終了，伴隨壞消息與零成果而來的驚訝與失望，將會完全消除，你再也不會沮喪又不解地問：「怎麼搞的！事情怎麼會變成這樣？」

第1章 外環：設定期望

流程的藝術

　　從大眾媒體的報導或從我們周遭的客戶身上，我們每天都會看見或聽見許多深刻影響到個人與整個組織的案例，歸納之後，發現大多都是「某人無法讓人當責，滿足特定期望」。我們可以運用當責流程中的外環透鏡去檢視當時的狀況，進而說明究竟發生了什麼事，這個做法幾乎萬無一失。

【案例：卡崔娜颶風的啟示——誰該為天災負責？】

　　二○○五年八月的卡崔娜颶風（Hurricane Katrina），造成一千兩百多人罹難，重創紐奧良（New Orleans）和密西西比灣岸（Gulf Coast），風災過後滿目瘡痍，大多數旁觀者都認為美國政府在災區的善後能力太差。它沒能及時救助成千上萬暫棲於紐奧良路易斯安那巨蛋（Louisiana Superdome）的災民，因而成了全球的頭條新聞。美國政府對風災的整體反應究竟哪裡出了問題？國會調查的結果揭露許多原因。

　　我們看見了茫然、怨恨與指責，那是每當人們必須為滿足期

望負責，而那些期望又未經定義清楚時，自然伴隨而來的情緒。

二〇〇四年七月，在卡崔娜颶風發生之前大約一年，州、市與聯邦政府共同舉辦一項全灣岸的演習，名為潘安颶風（Hurricane Pam，當時定位為三級颶風），其設計是為了測試紐奧良州的居民模擬面對「假設災難發生」的集體反應，其中包括撤離一百萬人，處理堤防潰堤及成千上萬房舍遭到損毀的問題。有位旁觀者事後回想起來，覺得那次演習的「先見之明到令人毛骨悚然的程度」，因為它預告了卡崔娜來臨時將會發生什麼事，準確度十分驚人。

在風暴橫掃紐奧良之前，國土安全部（Department of Homeland Security）奉命負責聯邦的國家緊急應變計畫（National Response Plan，以下簡稱NRP），該計畫的設計，是在發生緊急的大型災難時，一面回應地方、州與聯邦的政府機構，一面設定優先順序，調派各局處處理救災。卡崔娜真正重擊灣岸之際，國土安全部長麥可·謝多夫（Michael Chertoff）任命當時的聯邦救難總署（Federal Emergency Management Agency，以下簡稱FEMA）署長麥克·布朗（Michael Brown）為卡崔娜風災的首席聯邦官員（principle federal officer，以下簡稱PFO）。謝多夫稱布朗是他「戰場上的地面指揮官」（battle-field commander on the ground）。

這項派任的決定，加上不清楚的期望，開啟一連串的連鎖反應，最後成為那十年裡最嚴重的「任命大劫」（delegation disaster）。謝多夫在眾院災難調查小組面前首次露面時說：「我知道我對救援行動不夠投入，我必須更用心，超越平時的預期或

想要做到的程度……。我不是颶風專家。我得依賴別人去執行計畫的細節。」

卡崔娜颶風究竟如何使他的組織招架不住呢？謝多夫的解釋是，即使州和聯邦的資源豐沛，足以讓他的部門解決他們面對的問題，但是該扮演的角色與制定的決策都很混亂，加上資訊與來自災區的報告互相矛盾，在在使得他和他的團隊寸步難行。

回顧在悲劇發生之初的數小時之內，就有若干明顯可辨的徵兆顯示，期望將要落空。眾院與參院的報告指出，布朗怨恨他的上司謝多夫將PFO這個差事指派給他，而且，他並不相信這位部長。

國家氣象局（National Weather Service）在風暴來臨之前，就做過視訊報告（順道一提，它預測卡崔娜登陸的地點、時間與強度都只有一點偏差），而且既定的流程是在颶風登陸之前四十八小時就必須任命PFO，但是謝多夫這位部長在卡崔娜登陸之後三十六小時，才任命布朗。此外，既然FEMA不是大型急難的第一線因應組織，它的組織方式與配備也不足以支應這般大型災難所需的諸般任務──FEMA在全美各處一共只有兩千六百人。在颶風登陸的第二天，這位部長並沒有將工作重點放在這項立即的挑戰，反而去亞特蘭大參加一項有關禽流感的研討會。結果，政府將眾院的報告定位為五級颶風、一級反應。謝多夫部長終於承受不了沉重的壓力，而撤換麥克‧布朗，改派他人擔任PFO。到頭來，布朗辭去FEMA署長的職務，眾院與參院則是開始調查究竟哪裡出了問題。

　　謝多夫部長究竟哪裡做錯了？用當責程序的外環徹底檢討他的行動，顯示他並沒有為布朗和其他該為這項急難負責的人建立足夠的期望。假如他有形成、溝通、校準與檢視他的期望，正確的人就會在正確的位置上，運用正確的資源，在正確的時刻處理這起重大事件，而布朗、FEMA和每一個相關人等，也都會比較妥善地照顧紐奧良的居民。

　　事實上，如果謝多夫部長規規矩矩走過外環的步驟，他也許就會另請高明，而不會找上不情不願的布朗領導這項任務。他仰賴布朗能交出符合期望的成果，但布朗失敗了，造成謝多夫陷入困境，那是所有無法有效設定期望的人都會淪落的處境——謝多夫必須背黑鍋，回答期望落空、表現失敗與結果悽慘的問題。

【當責管理模型1：外環：設定期望】

　　要成功地讓人當責並且滿足我們的期望，而且做法可以讓人感到愉快，就得真正下功夫學習技巧，其實這個流程本身很簡單。細細走過外環的每一個步驟，這樣的功夫就會培養出技巧，使你學會正面又合理的方法，然後就會產出可預測而令人滿意的成果，不再感到迷惘，或者不曉得人們該做些什麼。

　　這些符合邏輯而有深意的步驟，許多人不會花時間一一遵循。他們的做法是，期待人們去填補空白向前進，不管目標是否明晰，只希望他們能夠兵來將擋、水來土掩。談到當責，他們想像到的是有人掐住別人的脖子，怒問：「他媽的怎麼搞的！事情怎麼會變成這樣？」

　　他們的經驗顯示，所謂讓人當責，指的就是恐嚇威脅、嘶吼怒罵、分配懲罰。他們未能有效採取外環的步驟，造成無法為自己的失敗負責，結果就是找別人頂罪，要他們解釋失敗，好為自己缺乏生產力的行為辯解。

　　他們這麼做的時候，他們就是讓自己浸泡在一個漸形破壞的過程裡，希望自己可以脫身，讓別人成為指責的焦點，解釋哪裡出了錯。這個過程包含四個熟知的步驟：發現、尋找、打亂、隱藏。這四個步驟不定時發生在大多數組織中。

　　遵循這些步驟的人，會先試著去**發現**「究竟出了什麼狀況？指出這項『失敗』的本質為何？」然後，他們開始**尋找**有罪的各路人馬，將現狀**打亂**之後，設法從一個惡劣的處境中找出最好的面相。最後，**隱藏**事實，希望沒有人會想清楚這裡面的錯誤有多嚴重；然後，找別人問責、究責。

　　不幸的是，在當今的組織中，人們經常以為發現、尋找、打

亂、隱藏就是讓別人為後果負責的方式。

根據人們在公司生活中的經驗，大多數人都會說，所謂「讓人當責」的意思，就是「追蹤哪裡出了錯，保證人們為自己的失敗答辯。」

根據我們自己的定義，**「當責」指的是，在事情出錯之前，運用當責流程中的外環步驟，以實際而有力的方式讓人們產生力量，進而讓影響結果趨於正向。「讓人當責」的意思是，「運用正面又合理的方法，有效形成、溝通、校準與檢視一項期望的完成，讓人們能在現在與未來得到成果。」**

然而，這並不只是一種抽象或自我感覺良好的字典式定義。實施這個步步為營的流程之後，我們自己和世界上許多客戶都發現它的效果極佳。當你運用當責流程令人們負起完成期望的責任，你贏了，他們贏了，組織內每一個利害關係人也都贏了。如果謝多夫部長和他的團隊用了這個方法，他們自己、他們的組織、以及該組織服務的人們就不會發生那許多慘狀。

我們發展這套讓人當責的方法，是來自一個深刻而久遠的哲學，因為當責在這世上確實重要，只不過我們已經把它帶到日常實務運用的層次。是的，你必須學會思考如何讓別人以正確的方式負起責任，但你也必須將它當成一個實際的技能，只要專心一致地努力練習，時日既久技巧自然更加高明。刻意走過這個流程，一步一步來，就會讓人們知道需要做什麼，看待此事的角度也會和你一樣，以能交出你期待他們交出來的成績單，不只一次，而是每一次！

外環中的每一個步驟，以及每一個步驟中的方法，都有一個

基本模式，讓你可以為每一個人量身訂做一個適合他們的方法。我們必須說明，儘管我們努力將當責變成一種科學，在「藝術」的部分還是有許多空間。要掌握這個流程的藝術，你就必須學習和人們共同使用一個適合你們的架構，讓它格外適用於整個狀況與情境當中，才能產生成果。無論你在基本主題中可以演奏出多少變奏曲，你還是必須先徹底了解其中的原理，才會有前進的基礎，讓你能夠成功地走過外環的每一個步驟，幫助你用正面又合理的方式讓人當責。

外環的三個通則

三個通則形成基礎，讓你可以用正面又合理的方式，令別人負起責任，同時這三個通則也分別是三個階段，讓你可以踏上外環的各個步驟：當責謬誤（Accountability Fallacy）、當責假設（Accountability Assumption）與當責真相（Accountability Truth）。

當責謬誤

第一個通則是**當責謬誤**，它代表一個人們普遍會犯的錯誤，認為別人之所以無法按部就班行事，是因為他們有問題。這個錯誤的想法很容易在我們大多數人身上現形，因為過去我們清楚看到種種例證，總是找些代罪羔羊，說他們不夠用心或不夠努力，才會做不好我們期望他們做到的事。

當領導者成為當責謬誤的俘虜，他們不只認為身邊的人馬有

缺陷，還覺得自己除了懲罰別人之外，也無法改變那些缺陷。其實，真正的當責，總是需要我們開始回頭看看自己，尋找是否可能遺漏了什麼。

當責假設

第二項通則是**當責假設**，它讓你無論在什麼情況下，都會用一個假設為出發點，即人們是在盡其所能完成你的期望。你只要始終如一地應用這項假設，就會將這趟讓人當責的旅程導向正面又合理的路上。只要你開始假設別人最糟的面相，就很可能會看見他們最不堪的行為（更別說是你自己的行為）出現。

當責假設會讓你開始發現，人們就跟你一樣，希望事情可以運作良好，而且會盡全力使其成真。這個方法不只能夠顯露最好的你，而且也能正確反映出你的共事者的真實面貌，很少會有例外。

當責真相

前兩項的基礎是最後一個通則——當責真相。人們未曾達成期望時，這個通則讓你可以比較有效地檢視問題。談到「真相」，我們指的只是當狀況出現，通常都是「我」的行事出了問題。當你全心接納這個原則，就可以控制未來的結果，並且習慣於隨時需要改善自己讓人當責的效益。以這種方式思考與行事，就可以產生更好的成果。你會更有能力借重他人的力量成事又成局。當你發現自己是問題的一部分，就會有能力加入這個團隊，盡你所能解決問題。

我怎麼會讓事情變成這樣？

　　腦子裡有了當責真相，你就可以想像，只問：「怎麼搞的！事情怎麼會變成這樣？」這種對話通常並沒有建設性。當然，了解什麼地方出錯是很重要，但是，這個問題通常會把責任完全歸罪於那些無法交差的人，以致讓你幾乎看不到你可以做什麼來讓事情運作良好。那就是為什麼當你覺得人們讓你失望時，你應該要考慮提出一個比較好也比較有效的問題：「**我怎麼會讓事情變成這樣？**」

　　多出來這幾個字，就會讓情況大不相同。

　　首先，加上「我」，就會把方程式的重心，從別人的錯、別人沒做到的事，轉移到你自己可以多做什麼進而改善現況。

　　「怎麼搞的！事情怎麼會變成這樣？」這個問句，會讓你逐漸淡出畫面，彷彿這個失誤與你無關。

　　一旦你負起失敗的完全責任，就會讓自己有力量透過別人做得更多。你應用外環步驟時的效益（或欠缺效益），都會嚴重影響到每一個工作者的整體成就。

　　事實上，過去幾年來，在我們遭遇的許多案例中，我們時常發現，設定期望的人，讓別人負起交差責任的人，對那些沒有交出成果的結局其實是有貢獻的。大多數時候，只要他們能夠比較有效地走過外環的步驟，就可以避免失敗，把事情做得更圓滿。我們並不是說，造成失敗的人是他們，而是指他們在形成、溝通、校準與檢視期望時，做得不夠好。

【案例：有責任卻不作為的自我檢討】

組合元件公司（Integrated Components，化名）的執行長吉姆・希蒙斯（Jim Simmons，化名）迫切需要資金以完成該公司下一個階段的成長，因此到了這個時刻，必須面對外界提出要求。這項任務需要他四處奔走幾個星期，四處演講說動潛在的金主，因此他希望自己不在的這段時間裡，他的管理團隊可以讓公司正常運作，滿足市場的期望。

他草擬一份非常動人的講稿，指出公司最主要的產品，是一項已經申請專利的專案，它可以革新糖尿病的治療，確保該公司光明的未來。在波士頓的一群創投金主對這場演講的接受度似乎頗高，但是，接下來有一組第三方的人馬提出一套財務報表，它和他剛才對這群投資者所說的話竟然完全相反。

他相當震驚，又覺得很難為情，確信這份財務報表一定有問題，於是他搭乘下一班飛機，飛回聖路易斯市，找來他的最高幹部召開緊急會議。

「我不敢相信有這種事！」他大喊著。「一定是哪裡出錯了！」

他的手下膽怯地承認，其實沒有錯。該公司並沒有達成希蒙斯期望的成果，那是他在過去幾個星期以來，自信滿滿地對著金主們大吹大擂的成果。

希蒙斯覺得這真是糟糕透頂。他繞著桌子，要他的團隊解釋來龍去脈，他一面聽著他們的說明，一面不斷搖頭，完全不可置信。

「怎麼搞的！事情怎麼會變成這樣？」他想知道哪裡出了錯。

　　希蒙斯的團隊給他的回答是，他們不想在他外出奔波籌資時打擾他。他們慷慨激昂地為自己的行為辯護，自以為他們知道，公司的未來全靠希蒙斯能夠成功募得資金。他們更進一步為自己的行為辯解，跟希蒙斯說，他們已經盡力解決公司面對的問題，也交出期望中的成果。

　　希蒙斯無法相信自己的耳朵——即使人們不斷報告一切都在正常運作，竟然還是出了狀況！

　　希蒙斯忍不住回想自己究竟哪裡出了問題？他彷彿自言自語地說，他的注意力是否可能真的被轉移了，最後造成他看不到公司裡確實發生了什麼事？

　　他承認他們這一行的變化非常快，但是該公司的劇烈改變還是讓他十分吃驚。反省之後，他開始明白，自己不斷送出的訊息，就是他只在意一件事而已——保住公司的資金來源。

　　事實上，他想起自己曾經很多次跟不同的主管級部屬說過，他不想參與某些營運層面的問題。因此，當他不在辦公室，這些主管級部屬們必須自己想辦法解決面臨的問題。

　　在檢視他們製造的一團混亂之際，他的深刻反省，幫助自己負起屬於自己的一份責任；更重要的是，幫助他明白自己需要有些什麼不同的舉動，才不會重蹈覆轍。

　　試著將你自己納入當責方程式（accountability equation）中，並且在借重他人成事之際，接受自己應扮演的角色，這將會使你收穫頗豐：

【祕技：五則當責方程式】

1. 創造較為正面的關係，人們會覺得你對他們是公平的，你承認完整的事情經過，而不只是強調他們做了什麼或沒做什麼。

2. 幫助你在情況出錯時，能夠從經驗中學習，因為你不再將失敗的原因單獨歸罪於別人。

3. 讓完成期望的過程回歸正軌，因為你願意客觀檢視你還能「多做一點」事情，以確保現在與未來的成果。

4. 培養一種文化，讓團隊裡的每一個人都可以跟隨你的腳步，成為解決方案的一部分，而不是問題的一部分。

5. 建立積極的工作環境，其中人們會克盡己力，因為他們覺得受到正確公平的原則所激勵。

那是你個人投資的大筆回收。加上幾個簡單的字「我怎麼會讓」，就可以使你看待問題的角度或犯錯的方式大不相同。你原本以為自己已經盡力確保期望中的成果能夠實現，結果人們卻還是無法交差，在這種時候，這幾個字可以讓自己不會太驚訝。這並不表示我們在期望未完成時，不會仔細檢視別人做了些什麼。事實上，那就是內環中的當責對話希望達成的目標，這是我們在本書下半部將會討論的內容。將「我」放進方程式裡，讓你可以評量自己讓人當責的情形如何，並且能夠找出你還能如何改善自己的能力，以幫助別人達成你的期望。

當責關係

你和共事的人共享有意義的經驗，以及與他們建立工作關係時，就是在和人們形成「關係」。由於你具備讓人當責的經驗，你和每一個人都會形成一種獨特的關係，我們稱之為當責關係（accountability connection）。

這些關係是基於人們和你之間的直接與間接的經驗，這些經驗可以是正面，也可以是負面的。你和他們之間的每一次當責對話，都會更強化彼此正面或負面的關係。

如果有人覺得你對他們不公平，他們無疑會認為這個關係是負面的。如果他們認為你對他們很公平，而且很能支持他們，他們就比較能夠視之為正面的關係。

這些經驗會隨著時間累積，而在你運用外環的步驟設定你對人們的期望時，大大影響到他們對你所下的功夫的反應。大多數人會直覺上知道當責關係是正面或負面的，但是很少人會留意如何有效管理它。

深入覺察你的當責關係，可以在你努力形成、溝通、校準與檢視你的期望時，造成很大不同。你的關係愈正面，你就愈能夠成功地讓他們負起責任。【表1-1】是「我的當責關係表」，由於篇幅有限，因此我們在這張表單上只列出五行，但是你可以看你喜歡，要做多長都可以。

【表1-1：我的當責關係表】

寫下和你有當責關係的人名。

1. _____

2. _____

3. _____

4. _____

5. _____

　　現在花點時間思考你和當責者之間的關係狀態。要做到這點，我們列出五個問題，讓你可以去問問和你共事的人，幫助你判斷你和他們之間的關係是正面或負面。

五個提問，了解當責關係

　　在你說明當責關係的概念之後，問問他們：

【祕技：五個提問，了解當責關係】

1. 整體而言，你覺得我們的關係是好或不好？

2. 如果我們的關係不好，以一分到十分（十分是最糟）來說，你會給它幾分？

3. 我做了什麼才讓你覺得我們的關係不好？

4. 你覺得它不好的頻率有多高：總是，有時或很少？

5. 你能否建議一些方法，讓我可以改善你我之間的關係？

開啟這類的對話讓你可以探索任何眼前與重要的不良關係。比較小型的不良關係，例如「我認為日常多一點禮貌，會讓人們對他們的工作感受好些」。還有很可能造成災難的，如「我怕遭致反彈，所以出了問題時，我不敢大聲說出來。」你在檢討自己和別人的當責關係時，要考慮那些往往可以透露不良關係的線索。

七個線索，偵測不良的當責關係

【祕技：七個線索，偵測不良的當責關係】

1. 你在和人對話時，從眼神就可以看到對方的沮喪感。
2. 你注意到，你都還沒進入主題，他們就已經開始找藉口。
3. 有關他們和你的工作關係，你幾乎聽不到什麼好聽的話。
4. 你體認到，當事情進行順利時，他們會很自在地談話；情況不對時，就會守口如瓶。
5. 你可以感覺到他們在躲避你。
6. 你等不到他們主動報告進度。
7. 你發現你們之間的對話通常集中在什麼事情運作不良。

如果你偵測到兩、三個這類的線索，無論某人如何號稱他們和你關係良好，它還是很可能阻礙到你讓他們當責的能力。

有趣的是，人們對於讓人當責的事還是多有疑慮，這種情形並不罕見。我們有一個客戶，她是在一般組織當中常見的一個代表人物，我們請她描述她的組織讓人當責程度如何。

她說，在她公司裡，有些人在這方面的表現很優越，有些人還差強人意，有些人卻是全然無能。我們詢問為何有些人表現不佳時，她回答：「有35%是能力問題（他們就是不擅長），25%是擔心自己如果這麼做，不曉得會發生什麼事，20%則是彼此關係不佳，另外20%則是不清楚人們到底該為什麼負責。」

針對其他客戶進行非正式的意見調查，也證實了這個現象，這幫助我們列出人們無法讓人當責的五個最主要原因。

無法讓人當責的五個主因

【祕技：無法讓人當責的五個主因】

1. 害怕冒犯別人或傷害人際關係。
2. 覺得自己沒有時間有效追蹤。
3. 不相信這麼做就能足以使情況大為改觀。
4. 擔心讓人當責會使他們暴露自己的失敗。
5. 不願引起任何可能的反彈。

有個針對最近離職的員工進行的調查顯示，25%說他們是因為「無效領導」而離開，另外22%說他們因為和上司「處不來」而去職。但是，幾乎有一半的人說，他們之所以離開組織，是因為和上司之間的「當責關係不佳」。

試想，找一位替代員工必須花上三倍薪水的成本，我們認為，組織如果不面對這個問題，無法逆轉現有的不良當責關係，就必須付出很大的代價。不良的當責關係造成的代價，無法單獨

以金錢衡量。而且，這些不良關係也會傷害到個人、團隊與整個組織的士氣，使得組織很難完成任何一件事，而且它會使得每一個牽涉其中的人倍感壓力，造成人們帶著它所有的不良後果，進入抗拒的模式之中。

扭轉不良的當責關係，這樣的環境能讓你和人們在外環中的合作效益較高。這麼做會大幅強化你走過那些步驟的能力，讓你可以用正面又合理的方式形成、溝通、校準與檢視你的期望。

如果我們和本章一開始遇見的組合元件公司執行長吉姆·希蒙斯重逢，我們敢打賭，吉姆對那許多和他共事最密切的人——他的財務長、全國業務經理與製造副總——的評估，也許就可以找出他們之間的關係不夠好，這或許也有助於說明，為什麼他們沒有達成目標，而團隊成員的態度卻不積極。要記得，評估你們的關係有助於預先消除潛在的問題，讓它們不至於繼續惡化為未完成的期望。

當責風格

假如你就像我們所知的人多數人，當你需要創造你的當責關係，讓人當責時，你就會有自己的行事風格。在一個連續譜的兩個不同方向之中，你自己的當責風格會反映出其中的一種。這個連續譜描述的是我們向來看到的兩種當責風格（Accountability Styles）的極端：控制與強迫（Coerce & Compel），以及等待與旁觀（Wait & See）。

【當責管理模型5：當責風格連續譜】

控制
強迫

等待
旁觀

這兩種風格形成對比，極度左邊的領導者用的是傳統「命令與控制」的管理風格，行為表現有如將軍指揮部隊朝勝利前進。為達成目的，他們需要用上職位、階級的力量，讓好事成真。相對地，在右邊的人，有時候會竭盡全力，事必躬親，而未能讓別人充分參與。

也許你會認為自己並不屬於這兩種人之一，但是，你其實很可能就是，至少就某個程度上來說。每一個人，或多或少都具備某種當責風格，也會比較偏向這兩類人中的一種。不過不用擔心，因為這兩種風格都沒有對錯，也都各有優缺點。但是有一點很重要，你必須了解自己的當責風格，以及它可能如何影響到你進行外環步驟的方式，否則你就無法改善自己讓人當責的能力。

現在，花一分鐘時間，填寫下列的自我評量，了解自己的當責風格。

【自我評量 1：我的當責風格】

以下十個問題，回答「是」或「否」，自我評量你的當責風格：
＿＿ 1. 我發現自己時常等著別人來回報。
＿＿ 2. 我發現自己經常因為別人沒有信守承諾而責怪他們。
＿＿ 3. 我發現自己時常在想著別人是否做了我要求他們去做的事。
＿＿ 4. 別人錯過截止期限時，我的反應會有點嚇人。
＿＿ 5. 人們沒有貫徹執行時，會發現我很容易讓他們過關。
＿＿ 6. 我為了讓別人能夠完成我的期望而追蹤他們的工作時，是很無情的。
＿＿ 7. 我會很輕鬆地把工作交出去，卻沒有緊迫盯人，因為相信人們會把事情做好。
＿＿ 8. 人們往往感覺到我對他們的要求太多。
＿＿ 9. 我時常假設人們會做到我的要求，卻沒有檢查這個假設是否正確。
＿＿10. 經常，我必須「追著」人們給我一份現況報告。

這項評估的計分方式如下：

【當責風格計分方式】

得分	你的當責風格
假如大多數「是」的答案都出現在偶數問題，你的風格是：	控制與強迫
假如大多數「是」的答案都出現在奇數問題，你的風格是：	等待與旁觀

你落在這連續譜的什麼地方？假如你並未在任何一個風格得到很多分數，也許你是兩者都各花了一些時間。然而，我們大多會偏向其中一種風格，因此，你可以問問一些了解你，而且對你坦誠的人，你也許會比較清楚自己的風格。

你可以看到，你的當責風格會顯示，每當你無法有效讓人當責時，也許你犯的錯誤不是強迫實現（控制與強迫），就是沒有進行追蹤（等待與旁觀）。兩種風格都有些優點：

【表1-2：比一比！兩種當責風格的優點】

控制與強迫 風格優點	等待與旁觀 風格優點
情況不對時會採取行動介入	堅定支持他人
持續不變地追蹤	強調給人自由
不輕易放棄	非常相信別人
確保定期的報告	介入的步調極為謹慎
讓別人知道你的期望很高	對他人表示強烈的忠誠與支持
聚焦於手邊的任務	在採取介入行動之前，會再三考慮

另一方面，兩種風格都有嚴重的缺陷，這些缺點遲早會讓你頭痛萬分：

【表1-3：比一比！兩種當責風格的缺點】

控制與強迫 風格缺點	等待與旁觀 風格缺點
對別人產生威脅	避免使用積極的方法
對壞消息過度反應	保持距離到令人驚訝的地步
傾向於「強迫」事情實現	誤以為事情順利進行
願意犧牲關係以獲得成果	追蹤的動作經常不足
抗拒以人為主的方法	傾向於錯誤地不介入
對別人不夠信任	設定較低的期望

　　你特有的風格反映的是你的基本人格，它會大大影響到你如何讓人當責。事實上，必須要求別人完成工作時，這個特性會造成最大的影響。工作上，我們隨時都會看到這點。

【案例：相信人性本善，卻遭到背叛】

　　和我們合作的一位企業家約翰（化名）是一位執行長，他展現所有等待與旁觀的風格：強烈的人本傾向，充滿信任，偏好賦予自由，加上不願意太早介入。然而，組織內的人認為，他並沒有設法讓國際行銷副總羅伯特（化名）負起責任。事實上，大家覺得約翰對羅伯特簡直有如放牛吃草。

　　羅伯特在工作及人際關係上，都是一個自私自利、特立獨行又難以相處的人。這種狀況使得公司裡的一個重量級人物認為，約翰「給他（羅伯特）絕對的權力，因為不需要負起當責」。

　　最後，羅伯特將他的國際行銷小組搬到巴西，他在那裡保持獨立而自我中心的行事方式，約翰未曾採取任何行動去糾正問

題，只是希望情況會自動好轉。

接著，狀況急轉直下，事情終於曝光。原來，羅伯特是在使用公司的資源，和他在巴西的好友進行第三方的製造與行銷工作，所得利益中飽私囊。

當然，約翰覺得自己相信人性本善，竟然遭到背叛。

忠誠？羅伯特完全沒有這個特質。約翰對羅伯特的信任呢？全毀了。

將約翰的故事和另一位企業執行長瓊安（化名）相較，你會發現兩人形成明顯的對比。

【案例：咄咄逼人，扼殺忠誠度】

瓊安在軟體開發業創立了一家公司。瓊安成功的原因在於，她在團隊中，總是屬於聰明的一方，而且任何地方有需要，她都會全力以赴。

她不惜跳過層級，直接走進某人的辦公室，以確保每一個計畫都按時程進行，一旦發生問題，人們就會去解決。她對這項科學有切身的了解。她全副精神都是為了取得成果，質疑所有相關人等不遺餘力。這種方式似乎運作良好，直到一項併購之後，她接手一個較大的組織，該組織出自一家獲利頗高，成長步調卻較為緩慢的公司。

瓊安總是咄咄逼人，缺乏耐性，她矯捷俐落地去除障礙，迫使該組織轉變為運作快速的模式。對於該組織來說，感覺就像是「瓊安颱風來襲」一般──瓊安所到之處橫屍遍野，只剩下少許

倖存者，幾乎沒有絲毫忠誠或信任可言。

　　在很短的時間內，瓊安劇除了一切舊有文化，變成一個恐懼的環境，使得人們不敢嘗試任何新的事物。所有的決策都在瓊安的堅決掌控之下，忠誠度創下新低。

　　這家公司確實朝它的目標前進了一些，只不過，在那個要求光速的市場裡，它卻是以龜速行進。

　　想一想這點：兩位不同風格的執行長，反映的是連續譜上的兩個極端，兩個場景中，風格的缺陷限制領導者讓人當責的能力，使他們無法形成有效的期望，也無法妥善追蹤，以致人們無法在成事之餘，在一日終了還能擁有良好的感受。

　　認清並了解自己的當責風格，是你在外環旅途上最好的開始。了解之後，不需要因為自己的行為方式而感覺「壞」或「不對」，而是可以開始調整自己的行為，讓自己站在連續譜上的一個最理想的位置。我們將連續譜上的那個點標示為「正面又合理的方式」，而且我們認為它結合了兩種當責風格的優點。

【當責管理模型6：以正面又合理的方式讓人當責】

在連續譜的中央，你會找到一個比較周延縝密而完善的方式讓人當責。那是遵循當責流程外環步驟行事的結果。無論你的風格為何，無論你目前讓人當責的效果是好是壞，遵循這個流程，你就能夠比較有效地發揮兩種風格的優點，同時緩解它們的缺點。

我們在當責流程的每一個步驟裡，指出你在執行該法則或工具時，這些風格將如何影響到你的執行能力。由於這些風格會強烈影響所有走上內環與外環的人，因此我們沿路提供暗示、建議、提醒、警示與推薦，以助你妥善運用自身風格的最佳優勢。

當責實況檢查

在每一章，我們都會鼓勵你花時間將你的所學應用在日常的工作上。當責實況檢查會提供一些實用的練習，測試你的學習成果，同時提供可能有用的洞見，讓你明白如何改善自己讓人當責的能力。

試一試這麼做。重返你在本章先前填寫的當責關係表，根據「人們無法讓人當責的前五大原因」，考慮你列在表上的每一個人。這些原因適用嗎？如果適用，就把該原因的號碼寫在那個人名旁邊。你完成每一個關係之後，試著看看是否有個模式出現，或是每一個人的原因都有所不同。

你會避免令某人當責嗎？如果會，你可以如何改善？我們和許多跟你一樣的人共事過，愈來愈確信走過外環就可以大致處理所有的障礙，創造出妥適的文化與環境，讓大家——包括你自己——都能夠運用正面又合理的方式，有效讓人當責。

外環

　　我們將外環介紹給人們認識時，他們大多表示贊同，因為那就像是基本常識。對大多數人來說，形成、溝通、校準與檢視期望的做法是相當直覺的。

　　在我們看來，那也就是這項流程有力的原因。它**很**簡單，就像人的直覺反應。然而，還是會有問題，因為常識並不必然轉譯為尋常的**實務**。要做到有效建立期望，讓別人能夠成事，所需要的一切精髓，都在外環裡。能夠把這件工作做得很好的人，就會明白如何順利而有效地遵循這些步驟。

　　運用系統化而且井然有序的方法讓人當責，你就可以提升自身風格的優點，減少它的缺點，創造正面的當責關係。經過深思的準備與有耐性的練習，任何人都可以精通這項流程的藝術。掌握它，就會讓你有力量幫助別人達成你的期望，也會幫助你培養個人的才華與組織的能力。想在競爭激烈的社會裡贏得成功，這些都是重要的資源。

　　要抓住這項技術的所有優勢，我們建議你將當責流程，和它那正面又合理的方法整合進你的人資管理、幹部培訓與績效管理之中。我們認為，讓你的組織中的每一個人都了解當責管理，就可以讓你們脫離平凡，成就世界級的績效表現，這是毫無疑問的。準備好了嗎？讓我們踏出第一步，走上外環之旅，學習如何**形成**期望。

第一章小結：正面又合理的方法

如同我們的承諾，我們會在每章最後，重新簡述該章的主要法則與觀念。這段摘要將涵蓋最主要的實務與方法，它們都是運用當責程序以求取成果，採取正面又合理的方法讓人當責。

程序的藝術

刻意而有效地走過外環的步驟，就可以獲致成功。讓人當責意指運用正面又合理的方法，有效形成、溝通、校準及檢視期望之完成，使人們無論現在或未來，都可以取得成果。

外環三軸

三個軸構成採取外環步驟的基礎：

1. 當責謬誤：當人們無法執行，就表示他們哪裡有問題；
2. 當責假設：人們無論在任何情況下，都會盡力達成我的期望；
3. 當責真相：發生問題時，通常都是我做錯了什麼。

我怎麼會讓事情變成這樣？

比起「怎麼搞的！事情怎麼會這樣？」這句話，自問

「我怎麼會讓事情變成這樣？」是一個較為有效的問題。加上「我怎麼會讓（事情變成這樣？）」，能夠使你更有效用人進而取得成果。

當責關係

每當你讓人當責，就是在為他們創造經驗，導致正面或負面的關係，這會影響到你的整體人際關係，以及你和他們一同採取外環步驟的效益。

當責風格

人們傾向於偏向兩種風格中的一種，「控制與強迫」或「等待與旁觀」。兩種風格都各有其優缺點。正面又合理的方法能有效混合這兩種風格的優點，讓你的當責管理效益達到最高。

第2章 │ 形成期望

最佳期望

以正面又合理的方法讓人當責，始於當責流程外環的第一個步驟：形成期望。假使你未能事先形成清楚的期望，自然無法有效讓人當責。根據本章即將討論的明確法則，想清楚你對別人的期望是什麼，將有助於讓你設定期望，創造正面的當責關係，確保人們能夠取得成果。

讓我們面對現實——你對所有與你共事的人都有期望，從供應商和經銷商到你的同事、團隊成員與上司。你期待他們在你需要他們的時候，交出你期待的成果；你自己當責生產成果的能力，也自然依靠別人來完成你的期望。確保這些期望都是清楚的，就是最基本的第一步。

要讓工作完成，任何舊有的期望都是做不到的。多年前郵購零售業西爾斯羅巴克公司（Sears, Roebuck & Co.）給顧客的郵購目錄上，註明現有的產品是「好」（good）、「更好」（better）或「最佳」（best）。

當然，你的採購行為端看你的購買能力。也許「好」便足以

讓你滿意,「更好」可能讓你更高興一些,但是「最佳」就可以讓你得到世界級的體驗。「最佳」可以歷久彌新,而且保證稱職。談到形成期望,我們大多數人都可以做「好」這件工作,讓人們知道我們需要什麼。真的很重要的時候,我們往往甚至可以做得「更好」,更小心確保人們知道我們的需求。但是談到關鍵期望,我們毫不妥協,只能接受「最佳」品質。因此,形成「最佳」期望,就是外環的第一步。

無論是個人或公司,通常無法想通自己的期望,往往都必須付出沉重的代價。例如,米其林(Michelin)引進防爆輪胎(run-flat tire)的故事。

【案例:防爆輪胎為什麼爆胎了?】

表面上,每一位參與其中的人都認為,防爆輪胎是一個了不起的主意——這一款輪胎可以讓駕駛人即使在一個輪胎漏氣之後,還能以五十哩的時速繼續開兩小時,也就是一百哩的距離。

米其林的人員都認為,防爆輪胎可以媲美幅射層輪胎(radial tire)(編按:幅射層輪胎是當今輪胎的主流。優點是胎體強度大、滾動損失小,而且耐磨又耐衝擊,較為安全。)。幅射層輪胎革新輪胎科技,為輪胎史寫下輝煌的一頁,而且至今依舊是大多數汽車的標準配備。基於這個期望,米其林投入大筆資金,花了許多年的時間讓防爆輪胎這個新點子上市。

然而,米其林的防爆輪胎上市之後,並沒有聽見預期的掌聲;反倒是聽見爆胎的「砰!」一聲。而且,防爆輪胎銷售量遠遠不如預期,米其林內部人員各個搔頭抓耳,茫然不知所措地

問：「怎麼搞的！事情怎麼會變成這樣？」

　　防爆輪胎的設計需要一條連接線，接到儀表板上，當輪胎需要替換時，儀表板上的燈就會閃動。這表示只有原本就具備合宜電子配備的車子，才能享受到防爆輪胎的好處。最終分析的結果，防爆輪胎從一開始就註定了失敗的命運。在這次拙劣的發明之後十年，只有少數幾種車款將防爆輪胎納入標準配備。

　　這麼一家大型的公司怎麼可能和自己的期望差距這般遙遠？為什麼在產品引進的管道上，沒有人發現這個細節？當然，沒有人料到它會在市場上成為一個嚴重的敗筆。畢竟，那**是**一個了不起的點子，該產品的功能就如同該公司的原始設計一般。每一個人都能夠有效執行該計畫，也將一個運作良好的產品交到了市場上，一切都如預期。但是回頭看，米其林防爆輪胎不上不下的成就，最後以慘敗收場，其實一點都不難解釋。

　　要解釋米其林防爆輪胎的失敗，就必須先了解「好」的期望其實不夠好。要引進這可能是革命性的輪胎，米其林就需要先形成一個「最佳」的期望，那是外環的第一步。當然，「最佳」會讓米其林的每一個人，從上到下，都想到必須多走幾步，才能得到想要的成果。有人就會判斷，多出來的那幾步，就包含聯絡代工廠，估計至少四年，才能讓一部汽車從設計走到生產。有人就會認清，米其林會需要將輪胎和防爆輪胎的科技結合，成為成功車型的整體設計，這對汽車製造商來說，一樣是需要幾年的時間，才能做出先進的設計與成功的行銷，遑論車商、輪胎商與修車廠在輪胎上市後的改裝，所有的人都必須能夠配合才行。

　　米其林防爆輪胎的困境為我們帶來的課題，是大多數人在事業的某一個階段都會碰到的——**花時間有效形成期望，就會帶來成功；沒有做到，就會舖出一條失敗的路。**

　　在需要的時候，沒有形成「最佳」期望而大意失荊州的公司，米其林當然不是唯一的一個。類似的故事不勝枚舉，他們的「作品」都是一個個汙點。有個例子如下：

【案例：很炫又新奇卻不實用的辦公大樓】

　　在倫敦郊區希思羅機場（Heathrow Airport）外面，有一座巨大的現代化建築，它的設計風格令人耳目一新。

　　令人難忘的「舟」形大樓，是建築師取自聖經裡的諾亞方舟的點子，看起來就和你想像中的一模一樣——一艘大船，只不過，這艘船是用玻璃和現代化的材料建成的。它贏得多項建築大獎，而且至少從外觀看來，都會使你驚艷無比。然而，一直到我在撰寫本書的此刻，裡頭還沒有房客進駐。為什麼？

　　因為，相較於又炫又新奇的外表，大樓內部遠遠不如預期。它的外表令人矚目，內部卻欠缺房客需要的易於使用的特質。房客想要找的是好用的出租辦公大樓，而不只是贏得建築設計大獎。

　　結果發現大樓內部的設施不被市場所接受，許多投資者和設計者不免猜疑：「怎麼搞的！事情怎麼會變成這樣？」

　　這個「方舟計畫」就跟米其林的防爆輪胎一樣，在籌畫的過程裡，有個時刻發生了斷點。一開始，方舟的主人必然期望這個

獨特的設計能夠像磁鐵一樣，把房客都吸引過來。結果，預期中的房客根本無法想像自己在完全透明、毫無個人隱私可言的空間裡工作的情況。

　　同樣地，在談到形成必須完成的關鍵期望時，你無法接受低於「最佳」的水準。只要妥善形成「最佳」期望，就會授權給每一個參與者，從設計團隊到出租中心，讓大家交出一座能夠吸引房客的辦公大樓，而帶來獲利。後見之明？當然。不過單單有個期望和刻意形成期望之間的區別，總是在事後看來比較明顯。

　　這點在你身上適用嗎？你是否曾經因為未曾妥善形成期望，而大失所望？花點時間想想，上一次你對一項大型計畫，某一個創舉或任務覺得不滿意的時候。你是否也能說個故事，談談你知道自己想要什麼，努力使它成真，結果卻像米其林的人馬或方舟建造者一樣，發現你所仰賴的人根本無法交差，而這時候已經太遲了？

　　對某些人來說，形成「最佳」期望聽起來也許再容易不過了。然而，對大多數人而言，那並不簡單。不過就像我們指出的，它值得你做初步的投資。要形成「最佳」期望，你一開始就必須刻意而有意識地下功夫，而且形成期望的方式，要能夠讓人們清楚了解你的目標。經理人可以自己構築各種期望，但是如果他們可以和所有相關人等合作，形成「最佳」期望，使它成真，結果必然好得多。唯有相互了解彼此同意的期望，才能夠讓人們百分之百投入，以完成工作。

　　個人與組織的責任感，總是始於將成果清清楚楚定義出來，那是在我們的書《當責，從停止抱怨開始》（*The Oz Principle*）

中討論到的一項前提。然而，如果我們談到要**讓別人**負責交出成果，只要你精通於形成期望，就可以大幅強化你在這方面的能力。如下的評量可以幫助你評估你自己形成期望的能力。回答時，一面考慮和你共事的人在評量你時，可能如何回答這些問題。

【自我評量2：我是否具備形成期望的能力？】

以下七個是非題，請以直覺回答，不要想太多：

_____ 1. 我不懂，那些我倚重他們交出成果的人，為什麼好像聽不懂人話？

_____ 2. 我經常為人們交出的成果感到失望，而且我總是在問：「怎麼搞的！事情怎麼會變成這樣？」

_____ 3. 人們覺得幫我做事是在浪費時間，因為我的優先順序似乎時常改變。

_____ 4. 和我合作最密切的人，絲毫無法確定地說出對我而言最重要的是什麼。

_____ 5. 我傾向於輕輕帶過我真正希望人們做到的事，因為我不想讓雙方關係緊張起來。

_____ 6. 我很容易假設人們已經知道該做什麼，結果，我根本不會花時間去形成特定期望。

_____ 7. 我經常必須向人們重新解釋和釐清我真正想要的一切。

這些陳述之中，就算你只有幾個「是」的答案，也表示你有

改善的空間。但是無論你是否熟練外環的第一個步驟，你的做法是否有效，你都還是可以學習一些技巧，讓自己可以形成清楚的期望，你所依賴的每一個人都可以真正了解需要有些什麼成果。

期望鏈

當責流程外環的第一個步驟需要經過深思與籌畫。一切都始於我們所謂的期望鏈（Expectations Chain），出自「供應鏈」（Supply Chain）的概念。以期望鏈來說，它包含所有為了完成你的期望，交出你想要的成果而產生關聯的人。米其林的決策者沒有把原始設備製造廠商納入他們的期望鏈中，這就是一個嚴重的錯誤。防爆輪胎的成功，終究必須依靠他們。當你形成對他人的期望（至少如果你想要形成有助於確保成果的期望），你就必須考慮期望鏈之內由上至下的每一個人。

我們絕對不會憑空形成我們的期望。每一個人都是職場上某個期望鏈的一部分。我們都有個「老闆」——一個對我們有所期望的人，而且通常都是高度期望。這位「老闆」，也許是一位上司或經理、一個母公司、總部，或一名顧客或股東。無論如何，就是一個定義他們對我們的期望的人。另一方面，我們也會在期望鏈中形成關係，根據別人對我們的期望，轉而為另外的一些人定義期望。這一切連結就形成了期望鏈，所有的相關人等就靠這個期望鏈求取成功。要形成期望，幫助人們交出我們需要的成果，就得先了解我們在這個期望鏈中如何產生關聯，連結在一起。

【案例：你少給我找藉口】

雷希（化名）在普曼與肯德公司（Pullman & Kindle，化名）擔任統計分析師，那是一家大型的消費者產品公司。他的每周競爭分析報告需要依靠兩個情報來源，其中之一是塔瑪拉（化名），她和雷希的座位之間只隔了兩個人；另一個是麥斯威爾（化名），那是外面的一個重要供應商。塔瑪拉和麥斯威爾在雷希的期望鏈裡，都是重要的關係人。

每一個星期，身為資訊來源的兩人，其中總有一人無法準時給他需要的資訊，使得雷希必須為了完成報告而急得焦頭爛額。他的動作很快，但是在時間壓力之下就會出錯，他恨透了這點。他如果交出一份有瑕疵或是遲交的報告，他的上司就會冷冷地瞄他一眼說：「你少給我找藉口。」

雷希就跟我們大多數人一樣，夾在他所依靠得到成果的人，以及依靠他達成目標的人之間。他怎麼做呢？

生氣、暴怒、大發雷霆地打電話給麥斯威爾的聯絡窗口，對著他咆哮：「我還指望你負起責任呢！如果你以為自己不可取代，」他語帶威脅：「把手指放進一杯水裡，再拿出來，看你會不會留下一個洞！」

對方的反應？「你也一樣，老兄！」

但是，雷希不能威脅塔瑪拉。他們兩人一天要碰面十次，他們在餐廳裡共進午餐，他真心喜歡和她共事。她的工作能力很強，只是時常慢條斯理。

但是有一天，上司又對著雷希痛罵，建議他乾脆換個工作，這時候雷希再也無法忍受了。他就跟我們所有的人一樣，都成了

當責謬誤的獵物——**他們**一定哪裡有點問題！接著，雷希將怒氣發洩在塔瑪拉身上，他對著塔瑪拉粗言相向。從此，除了絕對必要，否則她再也不跟他說話。這一切的結果是什麼？雷希會發現，沒有塔瑪拉的協助，從此，他更難準時交出報告了。

如果雷希問問我們的看法，我們一開始就會幫助他，看看自己如何形成期望？這兩個對他的成功而言最關鍵的情報來源，他究竟希望從他們身上得到什麼？我們只能想像我們可能發現些什麼。也許結果是，他只是隱約地覺得，他會在需要的時候得到他想到的資料。也許他覺得，他根本不需要刻意清楚而強制形成他的期望。

果真如此，我們可以很有自信地跟雷希說，他必須妥當地形成他的期望，否則他無法和依賴交出成果的相關者進行有效溝通。雷希如果沒有採取當責流程的這個步驟，也許他根本不能指望塔瑪拉或麥斯威爾的聯絡窗口，因為他們不會竭盡全力滿足他的期望。

你在形成自己的期望時，將整個期望鏈考慮清楚，就可以加強每一個人取得成果的能力。要記得，你的期望鏈包含每一個能夠幫助你達成期望的人。要確保你已經考慮過期望鏈上線與下線的每一個人，就可以幫助你塑造自己的期望，讓它適用於每一個相關人等。

花一分鐘思考一個你需要滿足的重要期望。列出能夠幫助你讓期望成真的各種相關者。表單上的人，也許包括你的上司、部屬、同事、供應商與包商等等，所有在組織與團隊內外的人。

【當責管理模型7：期望鏈的上線與下線】

你的期望鏈
鏈的上線
（期望源起之處）

鏈的上線
（期望源起之處）

你自己

鏈的下線
（你仰賴完成
期望的人）

　　時常，人們只想到實質的組織與團隊，卻忘了考慮更大的虛擬組織中的人，我們終究必須仰賴這些人來完成工作。仔細思考整個期望鏈，就會讓你形成期望的技巧更高明，能夠更正面影響到每一個人。

運用期望鏈的五個建議

【祕技：運用期望鏈的五個建議】

1. 期望鏈的成員，指的是你仰賴成事的人，而不只是他們所

屬的組織。這麼做將會創造出一群虛擬環境中的人，他們比較能夠正確代表每一個對你的最終成果有所貢獻的成員。

2. 問問那些必須達成你的期望的人，他們需要依賴哪些人來完成這件工作。所有在你的鏈上的重要人士都必須經過這個程序。認清你的期望鏈有多長，這將有助於讓你妥善形成你的期望。

3. 你在定義你的期望鏈時，要考慮你的上線關係，而不只是比較明顯的下線。上線關係包括你的上司，你的上司的上司，以及所有對你完成期望有所貢獻的人，尤其是你的顧客。

4. 所有期望鏈上的成員都必須給予適當的溝通，包括在你的組織權責之外的人。千萬不要忽視任何一個在你的影響範圍之外的人。大多數時候，有說服力的論點，人們都會聽得進去。

5. 更進一步接觸在地理上相距遙遠的人。畢竟，不是每天見面的對象，你自然會比較疏忽。

要有效管理你的期望鏈，你就必須先刻意形成你的期望，讓鏈上的每一個人都能夠清楚了解你的期望。

形成期望

我們都知道何謂「期望」，是嗎？字典定義期望為「強烈相

信某人將會或應該做某事。」當然，不是所有的期望都是相等的：有些期望重要得多。氣象播報員導致你預期將有個下雨天？沒什麼了不起。你期望你會達成你交給華爾街的第三季財測？這可是大事一件！我們稱這些「大」期望（賭注很大，你非完成不可，否則後果不堪設想）為你的「主要」期望。這些都是需要我們「最佳」思考的期望。

我們給「主要期望」的定義是：**「一個必須達成的期望，它需要期望鏈上的每一個人都全心投入，做到該做的事，以取得成果。」**主要期望形成時，你就一定得交差。期望鏈上的每一個人都必須看到這點，相信這點，而且一同當責使它成真。這意味著當你**形成**你的期望時，你必須仔細衡量所有你需要成真的明確的事物，以及所有需要負起責任使它成真的特定人士。

【案例：花五分鐘，溝通你的期望】

我們曾經和一個效益極高的人合作，那是零售商家生食品（Home Grown Foods，化名，以下簡稱HGF）的一位領導者，他負責執行一項地區在職訓練課程，希望能夠讓他們的顧客更喜歡光顧他們的商店。

該地區的每一家店，無論店長或顧客給這項課程的評價都很高，號稱這是他們上過最好的在職訓練課程。負責這項課程的人都同聲慶賀，因為幾乎百分之百的人都可以準時接受訓練，而且沒有超出預算。不僅如此。他們都覺得很驕傲，因為這項課程為他們增加了五百萬美元的營業額。

所以，一切都很美好，是嗎？事實上，它距離可能產生的真

正效果還差得遠。更進一步針對整個家生食品公司的追蹤研究顯示，接受過訓練的人，只有大約15%確實用上他們的所學。這表示，以最初的業績成長為計算基礎，假如每一個受過這項課程訓練的人都確實應用在工作上，他們至少可以再增加兩千五百萬美元的營業額，一共就是三千萬美元。

　　計畫簡報讓執行團隊明白，他們從一開始，就沒有真正形成正確的期望。「最佳」期望不會只是確保每一個人都得到訓練，而是要確保受訓的每一個人都會真正將它應用在他們的日常工作上。畢竟，像這樣的訓練，你還可能設定什麼別的目標呢？目標依舊相同──讓員工和顧客互動，創造出必要的吸引力，以期增加另外兩千百五十萬美元的營業額。但是不知為何，那個主要期望早在執行之前，在形成階段就已經消失無蹤。結果，店長們並不明白，主要期望並不只是執行一項成功的訓練計畫，而是要藉由有效的訓練應用，增加三千萬美元的營業額。

　　HGF從這項經驗學會如何改善他們下一次的地區訓練課程。在一切開始之前，就清楚形成他們的期望。他們確實討論他們希望做到什麼，以及他們確實需要哪些人參與，才能使其成真。形成正確的期望之後，便在店裡開始了施行的流程，首先就是由每一位員工的直屬上司進行一項五分鐘的預備課程，說明他們為何要接受這項訓練。每一個人的訓練課程一開始，就是相信他們的店長期望他們會立即應用所學，並且貫徹實行。

　　為強化每一個參與者的期望，講師在課程一開始，便詢問學員，他們是否上過他們直屬上司的五分鐘預備課程。回答「否」的人，講師就會要求他們離開，請他們在上過適當的預備課程之

後，再回來接受訓練。這麼做之後，人們自然發現，原本不大情願的店長，也都迅速跟上了。

訓練課程之後，講師和學員進行另一次簡短的會面，問他們學到了什麼，並強調他們必須立刻應用所學。講師和學員都要求學員負責將他們的訓練成果帶到家生食品商店的走道上。由於較佳期望與執行的結果，該公司每天的獲利都很可觀。

要注意，成功達成的期望，始於事先有效形成大家真心接受的期望。這不僅提供了快樂的訓練經驗，公司季報上的營業額也大幅提升。由於這次的成功，該組織的那位領導者榮獲高陞，並獲得鼓勵，讓這個方法普及整個公司。

FORM 檢查表，測試你的主要期望

一個確實有效的期望，始於一個陳述：「你（個人或組織）想要發生什麼事？」。當 HGF 了解這句話，該公司發生真正的改變。以這種方式敘述你的期望，並且力求正確，就可以幫助你釐清你需要達到的成果。

以上述這個案例來說，HGF 他們最初實施訓練時，並沒有強調公司真正想要得到的是：「每一家分店實施新訓練的結果，在九個月之內，地區的營業額要成長三千萬美元。」

這是他們真正想要的成果，但他們形成的期望卻聽起來像是：「讓本地區每一家分店每一個階層的員工都能夠準時受訓，並且控制在預算之內。」這兩個期望有如天壤之別。

　　過去許多年來，有人用過不少種方法和其他普遍的縮寫字來形容設定目標與標的的過程；但是，我們建議，當你在設定最佳期望時，最好使用「FORM（形成期望）檢查表」，它包含四種特色，我們認為那是形成有效期望最基本的法則—— F，可建構的（Framable）；O，可達成的（Obtainable）；R，可複述的（Repeatable）；M，可測量的（Measurable）。根據這四項特色來測試你的主要期望，可以保證你能夠妥當地形成期望。

【當責管理模型8：FORM檢查表】

可建構的（Framable）	保證該期符合期望目前的願景、策略與業務優先順序
可達成的（Obtainable）	在目前整個期望鏈的資源與能力限制之下，保證該期望可以達成
可複述的（Repeatable）	保證該期望在期望鏈裡，可以輕鬆方便地清楚溝通
可測量的（Measurable）	保證達成期望的進程可以追蹤，最終的成效可以測量

　　正確指出「你希望發生的事」之後，使用**可建構**檢查表來判斷你的期望是否符合你們目前的願景、策略與業務優先順序，更重要的是，是否符合期望鏈上線人士的願景、策略與業務優先順序。假如你無法在這個背景之內建構你的期望，就問問自己：「我們真的需要這個嗎？」**可達成**檢查表可以證明這點，在目前

整個期望鏈的資源與能力限制之下，該期望是否可以達成。**可複述檢查表**確認期望是否可以輕鬆方便地周遊整個期望鏈。最後，**可測量檢查表**檢視你的期望的形成方式，是否容許每一個參與者都能夠追蹤他們的進程。將FORM應用在你希望發生的事物上，可以使你更順利有效地踏上外環的第一步。

這個時候也許你會想問：「我形成的每一個期望都值得花下這麼多的功夫與精力嗎？」我們的答案是：「不是的。」要記得，並非所有的期望都可以等量齊觀。當一個期望重要到你一定得交差，在我們看來，它就值得你花下更多的心力，以FORM檢查表使出「最佳」的用心。你的主要期望可能和整個組織有關，也可能只適用於特定個人。無論如何，你都必須投資所需的時間與精力，才能將它做對，因為，眼光放遠、早早做到，稍後就可以省下重要的時間與資源。

我們繼續以HGF這家食品公司為例，我們把FORM檢查表用到他們希望發生的事情：「每一家分店實施新訓練的結果，在九個月之內，地區的營業額要成長三千萬美元。」

「它是可建構的嗎？」它是否符合公司目前的願景、策略、業務成果與優先順序？以家生食品公司的例子來說，它的歷史強調的就是顧客服務，這使得新的訓練感覺起來像是「戴手套」一樣的符合目前的企業策略，也契合目前人們為了貢獻到公司的整體成長與成功而做的種種努力。

「它是可達成的嗎？」HGF需要看看期望鏈的上線與下線，考慮每一個人執行這項工作的能力。這項考慮包括，組織中是否具備這方面的人才，員工目前與未來的工作量，以及所有影響人

們完成該工作的其他因素。仔細分析之後，家生公司的結論是，它具備執行該訓練並取得業績成長所需的能力。然而，這項檢查也釐清了這項目標：該區的十家店面需要有三千萬美元的營業額成長，因此每家分店都必須貢獻三百萬美元。將重點放在每家分店的業績成長，這個目標符合目前 HGF 的業務模式。

要確保員工所做的事都是你認為對組織的整體成長與成功最重要的事，這點最能夠保證你的主要期望可以達成。當你確信你的人馬在做的是正確的事，而且他們擁有正確的支援（要面對組織的支援能力問題），你必然能夠提高成功的希望。

公司領導者若是缺乏足夠遠見，無法做出符合實際的企畫，很可能就會讓「得過且過」的心態毀了他們的希望。

【案例：改變優先順序】

光學控制公司（Optical Controls Inc.，化名，以下簡稱 OCI）在全世界有三十個分公司，它期待每一個分公司都能夠提供自己的顧客服務。然而，由於市場的競爭愈形激烈，組織也需要變得更有一致性，因此公司領導階層決定集中營運，因此派出資深營運副總裁傑夫‧格林（Jeff Green，化名），要他在有如閃電一般的六個月時間內，完成這件工作。要圓滿成事，傑夫需要減少分公司的人力，增加中央的人手，讓業務代表在電話上應答如流，而且不用干擾到正常的工作。結果呢？半年變成一年；一年變成兩年。更糟的是，顧客服務並未強化，這項計畫出乎意料地讓每一個參與者付出代價，包括顧客。

回首前塵，傑夫認清，以公司的能力，這件工作不可能在二

十四個星期之內完成，而是要「二十四個月」。

「儘管去做」在運動上也許行得通，但是在商場上卻往往發生失誤。OCI想要從地方分權的營運方式改成中央集權，同時還要維持高水準的顧客服務，這不是光「按個開關」，就可以在短短的半年之內做到。這項策略以前看起來很有道理，如今依然（OCI的每一個人都同意，面對今日市場，中央集權的模式可以運作得最好），但是不實際的期望毀了公司的希望，趕走顧客，而OCI不只是迫切地想要滿足他們，還要取悅他們。

千萬要小心！在我們前進到下一步之前，必須先談談改變優先順序的問題。在當今快速變遷的商業環境裡，每一件事物都可能在一瞬間發生變化。我們最近和一位備受尊崇的組織領導者共事，我們發現她不願意花一年的時間去改善組織的文化，這點讓我們很驚訝。她的原因？她擔心她的領導團隊會因為必須追蹤進度，而從眼前的工作分心。她坦承，不知道會不會有一天，她和她的團隊因為看見某一則新聞而大吃一驚，因為他們看見她的公司已經被併購，或是和其他公司合併。她承認眼前還沒看到這類併購的計畫，但是每一個人，包括她自己，都預期併購可能在任何時候發生。當然，這點一樣會減緩執行任何大型計畫的時程。「何苦發起任何我們也許根本做不完的事？」沒錯，她問了一個好問題。

她的情況並不是特例。優先順序、環境、業務狀況與經濟循環都會改變，而且往往都是意外，有時步調緩慢、有時千鈞一髮。那些希望在今日商場成功的人，就必須能夠適應那些改變，

而且很可能要為此調整期望。然而，別忘了，每當你改變期望，整個期望鏈也都因此瓦解。事前經過深思，審慎形成的期望，會有助於讓你不必在事後改變調整。

「它是可複述的嗎？」這項檢查可以測驗你是否給了期望一雙「腳」，讓它夠簡單明瞭，讓人們可以輕鬆將概念傳達給別人，包括期望鏈的上線與下線。比方說，想一想那看似複雜的心肺復甦術（CPR）。也許你還記得，多少年來，學習CPR的人，必須記得以手壓胸的次數與以口吹氣次數之間的比率。儘管你聽了無數次，但是，你真的記得那些數字嗎？對新手來說，那很難記得，尤其是在拯救人命的巨大壓力之下！究竟有沒有可能變得比較簡單又同樣有效的方法？

是的，有。不久之前，美國心臟協會（American Heart Association）宣布，如果病人是成人，單獨使用以手壓胸的CPR——快速壓迫病人胸腔，直到醫療援助抵達——其結果就跟標準的CPR一樣好。現在，假如路人甲抓緊胸口躺在地上，你只需要記得兩件事：打九一一（臺灣的一一九），以及快速而用力地以手壓迫路人甲的胸口。成人CPR的新做法，甚至因為免除口對口的人工呼吸，而增加人人皆可上手的可行性，因為，許多人對於口對口人工呼吸這一點很猶豫，尤其是面對其他的成人時。以CPR來說，讓期望可以簡單傳達，是可以救人一命的關鍵。

在形成主要期望時，你應該要思考並追蹤整個期望鏈的溝通管道。先想好誰會需要知道這項期望，衡量他們對這項期望的理解能力，會改善你**形成**妥善期望的能力。這點適用於所有的主要

期望，無論期望鏈上包含了多少人。

讓我們回頭看看前述案例中的HGF，該公司的期望有多麼容易傳達？看看他們的溝通管道，每一個人都知道，如果他們想要達成一家分店多三百萬美元營業額的目標數字，每一家分店的員工都需要接受訓練，包括包裝與添加物料的人。最後，將期望簡化到聽起來像是座右銘一樣，比方說，把「在九個月內增加三百萬美元的營業額」簡化為「九之三」，就會讓這項期望在組織內變得很容易談論與分享。

「**它是可測量的嗎？**」這項檢查通常指的是將期望精確地在紙上呈現，描述你如何按時追蹤進度。以HGF的案例來說，每周的銷售數字就可以量化進度。此外，要更進一步監控進度，HGF將派出「祕密客」，也就是公司員工有會化身為真正的顧客到店裡購物，根據訓練目標，為他們和HGF店員之間的互動品質評分。這些報告將會顯示店員將訓練應用在顧客身上的程度。

使用FORM檢查表之後，HGF的期望陳述為：「九個月之內，地區總營業額要成長三千萬美元。要做到這點，本區的每一家分店的各個階層都要實施新的訓練計畫，而且各店營業額要成長三百萬美元（簡稱「九之三」）。以每周營業數字和祕密客的評分來測量進程。」HGF應用FORM檢查表之後，寫下清楚的期望，公司可以用它通知組織內的每一個人，正確表達它希望成真的事。

FORM檢查表是一個實用的工具，每當你要開始建立一項主要期望，就可以派上用場。它會讓你在設定期望的過程中，變得比較審慎，有所為而為，而且透過練習，它可以成為一項根深

牴固的習慣。花一點時間填寫「審慎領導者的自我評量」，看看你形成期望的習慣已經培養到什麼程度。

【自我評量 3：我是不是一位審慎的領導者？】

以下十個敘述，請以直覺回答「是」或「否」。
人們會說……
＿＿＿ 1. 我開始和人們溝通我想要他們做的事之前，會先仔細考慮我希望何事成真。
＿＿＿ 2. 我很了解完成一件事所需的時間，我要求情況好轉，我認為這個要求相當實際。
＿＿＿ 3. 我的「主要」期望總是經過深思熟慮，而且我一定會將它們形諸文字。
＿＿＿ 4. 我相當清楚組織的能力，我知道這個期望對組織的要求是什麼，以及需要多少心力才能達成──沒有人會說：「我不在。」
＿＿＿ 5. 我會花時間測試我的要求是否符合組織目前的能力與優先順序；如果答案為否，便刪除那些要求。
＿＿＿ 6. 在我形成我的期望之前，會考慮所有組織內外參與達成我的期望的人。
＿＿＿ 7. 我善於清楚明瞭地表達我的期望，其他人才能夠將整個概念輕鬆傳達到期望鏈上線與下線的每一個人。
＿＿＿ 8. 我相信和我共事的人都能夠正確列出我心中對他們的「主要」期望。
＿＿＿ 9. 我一定確保「主要」期望是可測量的。
＿＿＿10. 我在告知我對他人的期望時，不會是一時衝動或是未經思考的。

【審慎領導者評量結果分析】

答「是」的題數	這代表你是……
十題全答「是」	審慎刻意形成期望的**專家**。人們知道你對他們的期望為何。
八至九題答「是」	幫助他人成功做到你的要求的**專業人士**。你也明白自己在這方面還有改善的空間。
五至七題答「是」	在形成期望上是個能力普通的**業餘人士**。比較審慎的方法對你有利。
三至四題答「是」	要形成令人們（包括你自己）勝利的期望，你還是個**新手**。如果你願意看見真相，會有助於讓你成功運用本書中的法則。
少於三題答「是」	一個爛攤子（開玩笑的！），你還不大清楚如何形成主要期望。好消息是，只要你運用本書的法則，就會大有斬獲，也比較能夠成功借助他人之手成事。

從這項練習中，你得到了什麼洞見？當你比較了解自己，是否能夠鼓勵你用比較審慎刻意的方式形成你的期望？果真如此，你在這趟旅程上就有了穩定的進展，你將以正面又合理的方式讓人當責。

形成期望的「風格」

還記得我們在第一章介紹的兩種當責風格嗎？分別是控制與強迫、等待與旁觀。談到讓人當責，你自然會偏向其中一種風格，就像你做的每一件事，你天生的風格，也會大大影響到你形成期望的方式。

控制與強迫風格的人往往會形成比較不切實際，也因而比較無法達成的期望。他們時常不相信人們已經盡了全力，這條管道已經容不下更多的工作。偏向這種風格的人通常會覺得，只要每一個人都再聰明一點，也許，工作再努力一點，他們就可以再強迫「多一點東西」進入工作體制之內。「做，就對了！」是他們的口頭禪。

具備控制與強迫心態的人相信，你只要讓人們施展開來，他們就能夠克服萬難。但是，他們真的可以嗎？並非永遠如此。面對一個太過需索無度而不切實際的風格，人們經常會感到惱火。具備這種風格的人，覺得人們理所當然應該早就知道該做什麼——這種假設，造成他們只是專注於自己的工作，因此不願花時間與精力刻意形成期望，覺得那是一種浪費。

控制與強迫風格的人，要認清自己有上述的傾向，當進入形成期望的階段時，應該自問以下三個問題：

1. 假如人們告訴我，他們認為這項期望不切實際，我會知道他們為什麼這麼想嗎？如果我不知道，也許我應該問問他們，這麼想的原因是什麼？

2. 上一次，組織裡的人告訴我，他們覺得自己已經「快到了極限」，那是什麼時候？如果我再加上一點，那將如何影響到他們的士氣，我又預期如何管理？

3. 我是否應用了 FORM 檢查表，充分思考過這項期望？或者我只是趕著做，因為我覺得人們應該能夠想清楚，並完成這項工作？

　　相對地，偏向等待與旁觀風格的人，可能對組織生產力的問題太過心軟，對人們的要求不足。這種風格往往不大樂意形成較高的期望，因為不忍讓人們太過勉強。強烈的人本傾向，喜歡維持和諧，這種風格的人很可能會減緩人們的腳步，降低人們準時交差的能力。

　　他們或許也不會花時間運用本章列出的步驟，不是因為他們不願意投資這個時間心力，而是他們也許想不到人們為了完成工作，竟然需要那麼多的指導。由於這種風格比較容易信奉較為鬆散的方法，應用FORM檢查表也許就顯得太麻煩，而且要花上那些籌畫的時間，很可能就不大值得。結果，他們也許就會停止運用他們學到如何形成期望的適當方法。

　　偏向於等待與旁觀風格的人，進入形成期望的階段時，應該自問以下三個問題：

1. 我在形成這項期望時，對組織的要求足夠嗎？我應該要再勉強他們一點嗎？
2. 我對組織生產力的看法實際嗎？我如何判斷是否有「多餘的生產力」存在？
3. 我是否用了FORM檢查表，對這項期望夠深思熟慮，或是我錯誤地假設人們不需要很多指導，不用再多說明，也可以把事情做好？

　　認清你的當責風格如何影響你有效形成期望的能力，可以幫助你更成功地運用本章談到的法則與方法。

當責實況檢查

也許你會記得，我們在上一章曾說，當你走在當責流程的旅途上，我們會不時建議一些簡單的方法，讓你可以應用所學。要實行這項當責實況檢查，請一些和你合作最密切的人，代為回答那張「審慎領導者的自我評量」。要求他們給你一份保密的回應，敦促他們誠實回答，告訴他們，你想知道他們真正的想法。他們的回答也許和你自己的回答截然不同，無論正面或負面。蒐集他們的意見回饋，它會幫助你繼續在外環前進。

當責流程

你應該要按部就班地進行當責流程提供的一系列步驟。每一個步驟都是立基於上一個步驟。跳過一個步驟，也許你就無法在你的企業運用「最佳」的當責管理。任何捷徑到頭來都可能讓你損失時間、更加迷惑、浪費精力，以致終究無法得到你所預期及需要的成果。踏上外環的第一步，審慎刻意地形成你對別人的主要期望，就是在準備重要的下一步——溝通期望。

第二章小結：正面又合理的方法

在你前進到第三章之前，暫停一下，想一想我們在本章介紹的主要概念。簡短的複習可以讓你在前進到下一章之前，總結你的素材。

基本期望

談到期望，就有「好」、「更好」與「最佳」。要達成重要的期望，就必須花時間進一步形成「最佳」期望。

期望鏈

必須考慮所有你必須倚賴達成期望的人，包括上線與下線。有意識地管理這個期望鏈，就保證可以得到較佳成果。

主要期望

主要期望應該要多花點時間去形成；面對這些期望，**就一定得交差**。因此，你必須一開始就這麼問：「我希望何事成真？」

FORM檢查表

在你形成「主要」期望時，FORM這個縮寫提醒你考慮四個重要的元素：可建構的、可達成的、可複述的以及可測量的。

- F：可建構的，保證該期望符合目前的願景、策略與業務優先順序。
- O：可達成的，在目前整個期望鏈的資源與能力限制之下，保證該期望可以達成。
- R：可複述的，保證該期望在期望鏈裡，可以輕鬆方便地清楚溝通。
- M：可測量的，保證達成期望的進程可以追蹤，最終的成效可以測量。

第3章 | 溝通期望

命令、控制、失敗

外環的下一步，是要將主要期望溝通清楚，使人們明白你的期望為何，以及為什麼他們必須貫徹執行，取得成果。要使人們了解到達這個程度，就必須進行徹底且非做不可的溝通。不完整或無效的溝通會增加失敗的風險，讓你大搖其頭，再次不解地問：「怎麼搞的！事情怎麼會變成這樣？」

【案例：交出成果，而不是交出藉口】

有個大型工業產品製造商優製（Builtwell，化名）將丹尼斯‧瓊斯（Dennis Jones，化名）從主任升為區域副總之後，他便開始組織一個全新的業務區域。他的老闆傑瑞‧史耐德（Jerry Snyder，化名）期望他能把新的區域做起來，順利營運，並且儘快達成業務目標。丹尼斯自信滿滿地從零開始，建立起一個組織架構，雇用所有必要的業務代表和區域經理，填滿這個銷售新區域的七個區域。組織完成之後，他建立起一個當責體系，希望促使整個組織運作成功。儘管起初很樂觀，但是兩年之

後，丹尼斯並未完成最先的計畫，而且在他的事業生涯裡，首次無法滿足老闆對他的期望。傑瑞發現新區域的成績太差，於是告知丹尼斯，他得儘快提升績效。

丹尼斯迅速分析整個情勢。他希望可以找到一些趨勢，幫助他了解他的區域出了什麼問題，他計算所有的數字，分析他這個部門「每一個區域每天平均拜訪幾個人？每一位業務員得到幾個新客戶？電話銷售有什麼成果？」等。仔細研究過所有的資料之後，他終於認清真正問題所在。結果是，他的區域和其他區域不盡相同。根據他的分析，丹尼斯判定問題的解決方式，就是增加更多人手。他相信只要跟傑瑞報告他的發現，就可以達成數字，抓住目標。

丹尼斯用他的分析，準備和傑瑞會面。他很有自信，只要傑瑞聽完他的結論，就會了解為什麼他負責的業務區域欠缺規畫，傑瑞也會支持丹尼斯，並且提供所需的資源協助他扭轉劣勢。

丹尼斯自信滿滿地向傑瑞表示，他需要更多資源，而且從每一個想像得到的角度，詳細說明業務區域為什麼業績不佳的原因。丹尼斯找遍所有的藉口，想要把失敗合理化。演說結束之後，丹尼斯深吸一口氣問傑瑞：「你覺得呢？」

傑瑞微微一笑，靠著椅背，摘下眼鏡，說：「我根本不在乎。」

這幾個字，永遠改變丹尼斯對自己的工作的想像。也許，這句話不應該讓丹尼斯感到如此意外才是。

畢竟，傑瑞已經在優製工作多年，人人尊重他是個難纏卻也公正的上司。人們知道他總是會花時間教導部屬，但是，他們也

知道，當某人需要聽見某一句話時，傑瑞從來不會拐彎抹角，而且有話直說。

　　傑瑞繼續說：「我不是請你來這裡跟我說你『沒做到』的藉口，我是讓你來『把事情做好』。你擁有你需要的資源，請你想辦法去做到。你得知道，你並不是唯一身陷困境的人。我們兩人都一樣，而且，我們的時間不多了。」

　　噢！這時候，丹尼斯明白傑瑞的期望──他必須負起責任、及時交差，而且，不會有其他資源到位，也不能增加人手。

　　在幾句話之間，傑瑞讓丹尼斯明白自己的期望，消除所有的藉口，讓丹尼斯清醒了過來。他知道自己必須取得成果。他還有一年的時間，而且必須是現有的團隊。前面兩年，丹尼斯沒抓到傑瑞所溝通的原始期望重點。「這是我要你做到的。這是我要你在什麼時候完成。」傑瑞溝通期望的方式，只是遵循傳統的「何事─何時法則」（What-When）。

　　這並不值得驚訝，丹尼斯在整個業務區域當中，和他的領導者與業務代表溝通時，也是重複相同的模式。不幸的是，雖然傑瑞那種衝鋒陷陣式的命令激勵丹尼斯，但是對整個區域卻沒有發生同樣的影響。

　　故事說到這裡，我們要暫停一下，了解「何事─何時法則」有什麼缺點，是傑瑞和任何溝通期望的人都需要了解的。首先，「何事─何時法則」反映的是舊有的「命令與控制」的態度，以及如我們早先討論的，這種舊式模型在當今的職場根本無法激勵人心。

　　然而，組織中的所有階層在交代別人做事時，都喜歡用這種方法，因為它不用浪費很多時間，而且根據過去的經驗，它通常行得通又如此簡單。你只需要跟當責者正確說出你想要什麼以及你何時需要它，就能宣告全案終結。

　　不過，仰賴「何事—何時法則」的人很可能終究明白，這個重視時間的方法已經不像過去那麼好用，最主要的原因在於**「何事—何時法則」只能讓工作「有做、做完」而已，根本無法約束人們的心靈與頭腦，進而激勵他們，讓他們能夠貫徹執行、盡心盡力達成主要期望，達成「做對、做好」的目標。**

　　我們在美聯社（Associated Press）的一篇報導上讀到一則好笑卻刻薄的例子。

　　根據報導，有名家住芝加哥的男子控告一家刺青店，因為那位刺青師傅在顧客的手臂上，把「明天」（tomorrow）的字母拼錯了。

　　刺青師傅抗辯，說他刺青的字母就跟顧客寫在紙上的拼法一模一樣。而且他說：「我也在他要求的時間內，做到他要求的事！」

　　這個例子說明「何事—何時法則」在溝通期望時的最大的缺點──人們會在你要求的時間內，做到你要求的事，即使事實上並未達成期望中的成果。使用「何事—何時法則」，你只約束了手和腳，但是，心靈和頭腦卻是無拘無束地四處漫遊，不會去思考還能做些什麼達成目標、取得成果。結果一件工作「有做、做完」而已，根本無法「做對、做好」。

　　以下是多年來我們觀察到人們在溝通期望時，最常犯的七個

錯誤（我們自己也照犯不誤）。請你捫心自問，過去幾個月裡，你犯了幾個錯誤？

溝通期望時，最常犯下的七個錯誤

【祕技：溝通期望時，最常犯下的七個錯誤】

1. 吼出「衝鋒陷陣式的命令」，方向卻不夠清楚，人們無法完全了解與接受。
2. 你假設人們只需要說明一下，就能夠了解你希望他們交出什麼成果。
3. 和別人溝通之前，你自己並不能形成清楚的期望。
4. 不願解釋「為什麼」要求別人在特定時間之內做到某一件事。
5. 要求人們做某一件事，卻不清楚說明你何時需要他們完成。
6. 無法描述有什麼資源可以幫助人們達成你的要求。
7. 清楚說明該做什麼，以及如何去做，但是人們無法將它「當成自己的事」，無法運用創意保證成果。

如果你犯了上述的某一個錯誤，也別再苛責自己，你並不孤單。時間的壓力、截止期限，還有，多重的優先事項往往迫使我們犧牲較大成效，去取得看似較高的效率。這種交換的結果，和我們共事的每一個人都得成為我們肚子裡的蛔蟲，才能心照不宣猜出我們想要什麼、解讀我們真正的想法。這種靠默契完成事情

的方法，不僅破壞我們的當責關係，而且也無法保證事情會在我們希望的時間完成。

現在，讓我們回到丹尼斯的故事。

【案例：先知道「為何」，再談「何事、何時」】

丹尼斯向來用的都是「何事—何時法則」，多年之後，他終於明白這個法則根本無法激勵他的團隊，讓負責的業務區域動起來。他的老闆繼續依賴舊有的溝通方式，雖然這個方法在過去都還算勉強堪用。如今，丹尼斯開始明白，假如他想要激勵業務員能夠深耕業務區域，努力工作、聰明思考、達成目標，最後交出他期望的成果，就需要找到一個比較好的方法，才能和他的團隊溝通他的期望。

為了改變，丹尼斯召集他的七位區域經理，讓他們來到同一個辦公室共事兩天。這個團隊一同認清他們的區域是整個部門的績效排名最差，這點讓大家都覺得很臉。

丹尼斯讓他的經理們看見他針對該區域績效不佳的分析結果，因而激發了一場直言坦率的對話。

每一個人都知道，該區域的成功以及他們在公司未來的事業發展，都仰賴於快速的行動。

所剩時間愈來愈少，他們的工作也可能不保。他們剛剛終於清楚了解他們「為何」（Why）需要改變，因此開始進行腦力激盪，努力想出各種方法，進而改善拜訪主要客戶的頻率，而不需要指派更多人。討論熱烈地進行著，會議室裡的氣氛發生改變。

他們不再悶悶不樂地討論各項提案，而是變得愈來愈興奮，

因為他們認為有能力扭轉乾坤。這股新生的能量幫助他們指出若干他們需要迅速面對的不當手法，才有能力大幅增進該業務區域的績效。他們把問題分為三大類：換人、為業務流程找出正確的工作節奏，以及改善主要客戶的效益。

丹尼斯將區域經理分成三個小組，請每一個小組考慮他們還能做些什麼，協助這個區域解決這些問題。每一個小組獨立作業，找出三套解決方案，然後做出一個企畫案回報給丹尼斯，內容是他們如何在整個區域中進行溝通並執行必要的改變。

最後的計畫是根據這三個小組所提供的計畫萃取精華，其中包括一個清楚的定義，了解他們為何需要改變，以及他們需要達成什麼。做為一個團隊，他們為他們的區域建立了如下目標——成為公司業務區域的第一名，將七個區域全部推上優製公司的前十名以內，以及針對本區域中的每一個主要客戶進行促銷，這一切全部都要在接下來的一年之內做到。區域經理覺得達成這些目標都是他們份內的工作，也認清萬一事情無法順利進行會有什麼後果，因此人人全心接納這些目標。

丹尼斯先溝通過「為何」，然後和他的團隊決定「何事」及「何時」，於是他開始看見一個令他耳目一新的團隊，全力投入，致力於執行他們的區域計畫。

丹尼斯負責的業務區塊花費的時間比一年稍微再長一些，但是，最後終究達成目標。在年終頒獎的晚宴上，人人身穿燕尾服和正式的晚禮服出席，丹尼斯從董事長手中接過獎盃，他的區塊的績效表現在全公司排名第一。他的七個區域經理全都排進前十名。過了一段時間，整個區域的人都獲得晉升，迎向更多的責任

與機會。這個區塊達成了自己設定的每一個目標,因此丹尼斯對於運用「為何─何事─何時法則」(Why-What-When)的溝通期望法更加重視。

從這個案例可以知道,主角丹尼斯最後明白,**沒有徹底了解期望背後的「為何」,你根本無法成功。缺乏這項認識,你無法捕捉人們的想像力,駕馭他們的集體能力,進而成就主要期望。**

為何─何事─何時法則

運用「為何─何事─何時法則」溝通你妥善形成的期望,它是你走上當責流程外環下一步的有力工具。這個工具幫助你清楚有力地傳達一項期望,它可以約束人們的頭腦與心靈。一切都始於說明期望背後的「為何」。這個說明必須能夠點燃想像力,觸動人們的神經,之後你才能夠表示你想要看見人們達成何事,以及何時看見。看看如下的雙向「為何─何事─何時法則」對話。注意進展的步驟是從一個強制性的「為何」到包含三項元素(分享你用**形成**方式在腦中塑造的期望,說明既有的界限,並描述所有的支援)的「何事」,最後才是明訂完成目標時間的「何時」。

這個模型顯示,有效溝通期望並不只是指派工作而已。正確運用為何─何事─何時法,不僅可以讓人們了解工作的內容,也有助於創造認同感,如此才能確保圓滿成功。面對主要期望,只要了解不夠完整,未曾取得眾人認同,就可能導致失望與失敗。讓我們更仔細檢視整個過程。

【當責管理模型9：為何─何事─何時法則】

為何	何事	何時
溝通「為何做此事?」、塑造期望	使用形成（FORM）檢查表、討論界限、現有支援	「幾時交差?」（日期與時間）

讓「為何」具有強制性

要得到最大的效果，談到「為何」時，必須將人們當成單一的個人，說服他們，「何事」與「何時」的完成攸關他們個人。

【案例：聚焦「為何」，才能瞄準目標】

我們有一位客戶是成功的高階經理人戴夫（化名），他在銀石公司（Silverstones，化名）工作，那是全世界數一數二的零售商。

有一天，戴夫和我們面談時，憶起他在事業上的轉捩點，就是當他完全掌握「何事與何時」背後的「為何」的重要性。當時銀石正展開主動擠出營運資金的企畫案。傑夫（化名）是這項企畫案的專案副總，他於是上路，在公司各地奔波說明：「這是你

的做法，這是你該做到的時間。」他提出所有必要的後勤支援，回答所有冒出來的問題。

我們的朋友戴夫說，傑夫把運作所需的改變定義得很好。事實上，戴夫還曾經在午餐時刻，和有天早上參與那次說明會的人士閒聊，他的結論是：「毫無疑問，人們一定會去做。他們在實施這項新的營運資金企畫案時，顯然他們是沒有其他選擇的。」然後，有件奇怪的事情發生了。

銀石的董事長洛斯（化名）預計那天下午，會在同樣的說明會上演講。每一個人，包括戴夫，都預期洛斯會贊許這項計畫。結果，大出戴夫的意料之外，傑夫說過的話，洛斯一句也沒說。他只談到「為何」——為什麼這項企畫案對組織和他們的部門而言很重要？為什麼它對會議室裡的人們都很重要？

這項計畫創造出來的價值不僅有益每一個人的獎金，也會讓他們對工作更滿意，更覺得待在這個公司很光榮。如戴夫自己所說，那對他而言，是一個大大「開竅」的時刻。

他在會後聽他的同事興奮地討論著，發現他們對洛斯的談話印象深刻。他們都說些像是：「嘿，傑夫在說這是我們必須做的事時，我們知道我們一定會去做。但是，洛斯談到它『為什麼』對公司和我們每一個人都很重要，這時候，我就等不及待走出會議室的門，著手開始執行。」

了解這項任務的重要程度之後，一行人從願意參與，轉變為迫不及待出門去。戴夫從他事業上的那個時點，了解到他如果想要捉住人們的心靈與頭腦，就必須事先說明「一定要做」的原因。比方說，像是「我們為什麼需要這麼做？」，以及「我們為

什麼需要現在去做？」

　　你在考慮溝通你自己的期望時，先思考這六種方法，說清楚必須應戰的理由：

六種方法，說清楚必須應戰的理由

【祕技：六種方法，說清楚必須應戰的理由】

1. 為你的特定聽眾量身訂做「為何」。
2. 遣詞用句盡量簡單明瞭。
3. 誠實坦率，讓人們相信它是貨真價實的，而不只是「公司派的說法」。
4. 讓它成為一種對話，而不是自言自語。
5. 創造一個「鉤子」（hook）緊抓人們的注意力，說服他們「投入」。
6. 以策略背景做為它的框架（也就是說，說清楚這個期望在貴公司的大方向中扮演什麼角色）。

　　「為何」的溝通並不只是說明一項任務或使命背後的理論而已；它傳遞一個訊息，說他們值得投注時間與心力從事這項使命，說服他做主、使其成真。它告訴人們，你尊重他們，重視他們，認為他們是主要的貢獻者，需要他們才能成事，在一個「必須告知」的情況下，他們就是「需要知道」的人。

　　這個方法可以激勵士氣與人心，讓每一個人都願意全力衝

刺，得到你期望的成果。我們經常告訴人們，大多數領導者會花費95%的心力去說明「何事—何時」，只花5%在「為何」。

當你扭轉「何事—何時法則」，轉而聚焦「為何」，你就會開始看見你的團隊比較能夠完全瞄準他們需要達成的目標。要說明這點，我們來仔細看那六個強制塑造「為何」的方法。

首先，為你的特定聽眾量身訂製「為何」。常識會告訴你，你把「為何」說得愈是切身，它就愈顯得一定要做。談到期望，它就不是奢侈品，而是必須品。健保進步中心（The Institute for Healthcare Advancement，以下簡稱IHA）估計，每年浪費七百三十億美元的健保費用，這只是因為病人聽不懂醫護人員在跟他們說些什麼。IHA列出一連串共同的錯誤，說明溝通者無法調整自己的訊息傳遞給他們的聽眾。

首先，他們觀察到，醫藥文字通常是為十一年級（相當於臺灣的高中二年級）的閱讀程度撰寫，而需要了解這些文字的人，卻只有小學六年級的程度（美國有九千萬名公民的閱讀程度在小學三到五年級之間）。

他們同時發現，病人在閱讀以十號字級大小印刷的文字時會很吃力，因為字太小。最後，當病人發現醫學術語不是簡單英文時，就會略過不讀，比方說以「耳痛」（earache）取代「中耳炎」（otitis media）。

結果，在許多案例中，病人都只是在聽完醫生的說明之後客氣地點點頭，而不是重述醫生說過的話，造成當他們離去時，其實都是一頭霧水。為期望鏈上方和下方的不同聽眾量身訂做「為何—何事—何時法則」，可以幫助你在溝通時，讓所有需要了解

這些訊息的人都可以大聲又清楚地聽見。

其次，盡量簡單明瞭。假如有位醫生希望病人了解她的訊息，如果她說「膠囊藥品的吸收應該要伴隨大量的液體」，這個說法是行不通的。她應該說：「吃藥時請多喝水」，簡單明瞭就可以讓你將訊息傳達出去。但是，這不見得是很容易做到的事。

有一回，馬克‧吐溫（Mark Twain）收到一個出版商的電報說：「需要在兩天之內寫出兩頁的短篇故事！」他回答：「**兩天寫不出兩頁——兩天可以寫三十頁，兩頁需要寫三十天。**」

看吧！訊息簡單明瞭必須花時間，也需要下較多功夫。但是，如果你的訊息簡短又清楚，你比較能夠讓期望鏈裡的每一個人，都能了解你的重點。

記得，要保持誠實坦率。真實的診斷未加修飾，但是，你會相信那個似乎不樂意把真相告訴你的醫生？還是那個直言不諱的人？大多數人都不喜歡拐彎抹角的兩面說法，而是喜歡誠實坦白的事實真相。組織中的人是多疑的，遮遮掩掩的面紗會讓他們一眼看穿，裡頭大多是個壞消息。長期而言，「誠實坦率」會走得比較遠，比較能夠留住那些你所仰賴人們的心靈與頭腦。

第四，讓它成為一種對話，而不是自言自語。一名優秀的醫生會和他的病人「對談」，而不只是「說」給病人聽。

這本書有兩位作者，其中一位作者的妻子在他們的兒子做過一次重要的檢驗之後，去見兒子的醫生，其實他們早已心知肚明檢驗結果很可能是兒子需要進行一次大型的脊椎手術。他們在治療室等了一個多小時之後，醫生終於來到門口，連腳都沒踏進來就說：「不用擔心，一切都沒問題。我會安排你們見一位物理治

療師，我連這次見面都不收費。」接著就閃人了。留下驚訝莫名的病人與家屬，和一堆問號。

當你不把人們需要的資訊或對話給他們，往往就會導致怨恨與誤解。創造一個對話，讓人們可以自由提問、聽見答案，也許，比你細心準備許多資料還能夠讓他們投入。

第五，創造一個「鉤子」來抓住人們的注意力，說服他們「投入」。有一回在一次身體檢查之後，有個護士跟我們說：「接下來這一年，每天吃兩顆這種藥。」她沒有更進一步說明，只說檢驗報告顯示膽固醇過高，所以我們的醫生要我們吃藥。這種說法，能夠「激勵」你去按時服用那些藥嗎？也許吧？如果你對那位醫生完全信任的話。否則，那只會引起問題和障礙，而導致無法遵從醫囑。

不過，如果護士說：「你的醫生建議你吃這個藥，因為它延長了成千上萬和你情況相同的人的壽命。」較長又較健康的生命？這「鉤子」很銳利。

切記，拋出「鉤子」時，一定要針對個人的需要，這可以幫助他們「投入」你想要的成果。

第六，以策略背景做為它的框架。我們對醫生都是心懷感激，他們花時間了解我們的病痛損傷，醫生給我們的建議也會影響到我們日常生活的大方向。

同樣地，人們也需要知道他們的工作是否符合組織的大方向，它和組織的整體使命有多麼密切的關係，以及目前它為什麼重要。認識這個策略上的契合度可以讓人們更清楚如何輔助整個組織。在這個背景之下，一個「策略性」的畫面可抵千言萬語。

　　你在塑造一個強制性的「為何」時，就是在創造一項對話，將人們帶進因果關係之中。他們受到策動，而且等不及要開始讓夢想成真。

　　最近我們公司有一位業務經理在打電話給潛在客戶時，電話接上佛羅里達州的一位女士，他開始對著電話那頭的女士說明，我們公司的目標是為客戶的組織創造較高當責。目標客戶回說，她的公司並沒有人力資源部門，而且只有四十名員工。當責？誰需要那玩意兒？

　　「他們雇用我們的時候，就只是告訴我們該做些什麼，我們就照做。」女士說。

　　我們聽見這故事都不禁莞爾，因為有時候人們會誤以為，他們不需要也不想要知道「為何」，只要有「何事」與「何時」就夠了。不過，說真的，假如「為何」對你來說很重要，對任何和你共事的人來說，不也應該同樣重要嗎？

清楚說明「何事」

　　你溝通完「為何」之後，就可以開始準備談到「何事」（What）。清楚的「何事」包含三個討論重點：溝通你所形成的期望，釐清界限，說明既有的支援。這三項討論都是為了釐清「何事」，進行這三項討論，就創造了一個必要條件，讓你比較能夠預期成功，也比較不容易失敗。

　　然而，應該要注意，也許需要多次進行這些討論。有一家聲譽卓著的國際航空公司，我們聽過它的一位機長說，每當公司為

駕駛艙裡的飛行員施行一項新的政策或程序，一定會詳細說明七次——以七種不同的方法，各說明一次。這些程序都是攸關生死，因此，公司花很大的功夫，保證每一個人都能夠精確了解。

飛行員都是聰明而且受過高度訓練的專業人員，他們為什麼會需要聽七次？而且聽七種不同的說法？結論是，無論你的智商有多高，也不管你受的訓練有多少，經驗多麼豐富，重複說明就跟「熟能生巧」一樣，可以教會重要的課程。談到期望，為了釐清「何事」，不管花多少功夫都不嫌多。你如果不想失望，事先就必須投資時間與心力，而且必須一再地下功夫。

有效形成你的期望，會讓你在溝通這些期望時少很多事。傑克・威爾許（Jack Welch）在他的《Jack：二十世紀最佳經理人，第一次發言》（*Straight from the Guts*，中譯本由大塊文化出版）一書中，提到一則故事。

他收到一個大有斬獲的第四季營收財務簡報，結果卻發現裡頭沒有淨收入。他詢問到底發生什麼事。呃，一行人發動了一項第四季的績效比賽，激勵了每一個人表現優異。那麼，利潤呢？威爾許不解。

「哦，我們沒要求利潤，」他們這麼說。

因此，威爾許繼續寫出他當時終於明白的事：「你用什麼方法就會到什麼——你獎勵什麼就會得到什麼。」

在這項理解之外，我們還要加上我們所知，你溝通什麼就會得到什麼——人們認為你期待什麼，就會給你什麼。

談到「何事」，溝通你所形成的期望就是第一個步驟。

要成功溝通你所形成的期望，往往會需要一點準備。大多數

時候，你會發現書寫有助於強化你想說的話，尤其是主要期望。這可以讓所有的相關人員確認他們聽見的話。讓那些你要令其當責的人清楚知道「何事」，這對你們之後的對話都有很大的幫助。大多數「何事」，很快就會變成「如何」。

　　我們通常不鼓勵你跟有能力的人說「如何」，卻還是建議你針對他們交差的方式，討論清楚「界限」與「支援」。

討論界限

　　界限也許是真實或想像的。事先對界限有所了解，會有助於讓每一個人避開不愉快的意外與損失慘重的錯誤。但是要小心，別讓人們受限於並非真正存在的界限，這和指出界限一樣重要。在我們客戶的組織中，我們訪談過各個階層，卻發現人們往往無法確實了解既有的界限，即使你或許認為根本不可能模糊不清。

　　未曾管理界限而發生的悲劇，法國興業銀行（Société Générale）受過慘痛的教訓。期貨交易員傑洛米‧柯維耶（Jérôme Kerviel）的授權交易倉位（trading position）只有一億兩千五百萬歐元，結果竟造成銀行四十九億歐元的虧損。銀行一開始還聲稱全無頭緒，為何一位單一的營業員的損失能夠如此巨大。柯維耶本人的抗辯則是，他並未涉及詐欺，只是一不小心跨越銀行設定的某些界限。

　　他堅持說，他只是被「沖昏了頭」，而且管理階層都知道他急著想要越權交易。柯維耶越權的交易倉位顯示十四億歐元的利潤時，他認為管理階層已經將界限擱在一邊，裝做沒看到，也默

不作聲。柯維耶認為，當他的倉位轉為虧損，他們卻只是責怪他不該越權。

另一個例子，惠普（HP, Hewlett-Packard）前董事長派翠希亞・鄧恩（Patricia Dunn）由於授權調查私人公司洩漏的資訊，而失去董事長的職位。稍後，鄧恩承認她授權的調查包含「某些不恰當的技術」（有人稱之為「間諜行為」）。

該事件之後，鄧恩承認她授權的調查所使用的技術「超過我們的了解，我為這些技術致歉。」如果我們相信她的話，我們可以想像她在交代刺探其他公司的消息時，從來沒討論過哪些是恰當或不恰當的問題。由於她未能有效建立她的期望，而導致她從惠普去職，以及接下來惹上針對她而來的刑事訴訟。

人們時常在跨越界限之後，才覺察到它們的存在。一點事前的防範可抵事後無數的補救措施，因此合理的做法，是預先將所有確實的界限溝通清楚。定義界限可以建立持久的信任，做法是釐清「如何」的各個重要層面，消除想像的界限，因為它們可能成為障礙，以及讓人們擁有較大的自由度。在你準備溝通「何事」時，考慮如下關於界限的九個問題：

【祕技：關於界限的九個問題】

1. 在我們的文化裡，哪些是可接受與不可接受的工作方式？
2. 預算、資源與時間限制是什麼？
3. 有哪些法律與倫理問題必須考慮？
4. 是否已經釐清既有的優先事項和它們對這一個期望的影響？
5. 我們的策略、戰術、品牌設計與目前的執業方式給我們什

麼建議？

6. 關於（想像的）界限，是否有些錯誤的假設？

7. 我們是否已經找出所有相關的「運作」界限？

8. 我們必須記住哪些外在因素？

9. 是否能夠定義出不可接受的「範圍擴大」（即任務參數的演變）？

在你進行任何界限討論之前，快速檢討這些問題就可以幫助你完整而正確地理解那許多界限，它們都可能影響計畫的結果。

界限討論會幫助你建立信任與信心，使「如何」不致危害到「何事」的完成。這項對話可以建立信任，因為它會確保人人都能了解他們在大環境之下，哪些事能做？哪些又不能做？

它可以強化信心，因為人們會明白，你期望達到的成果不會要求他們去做些超越你盤算的事，也不會違反一些規範而可能使他們惹上麻煩，或是危害到組織本身的生存。這項對話也讓你能夠去管理自然的人性，不致造成「範圍擴大」，這種任務的擴張會使得人們失去重點，而無法交出你真正想要的成果。

討論界限可以更進一步去除想像中的界限，因為後者只會變成人們成功的絆腳石。問問人們，這些障礙或界限是什麼，這有助於讓你們的對話轉向，讓人們更有力量當責，找出有創意的解決方案，而不會把自己局限在想像中的限制裡。當你事先去除這些限制，就可以讓人們在事後更有力量取得成果，尤其是當一個問題需要創意與革新的時候。

沒有人能對想像中的界限免疫。不久之前，我們自己的資訊

科技部門就有了切身的體驗。愈來愈多客戶公司在尋找高品質的網路研討會（Webinar），包括最高品質的串流影片（video streaming），我們想要引領風潮，而不只是跟隨而已。

我們的資訊科技部門認為我們的期望有點不切實際，很難達成。

事實上，如果我們固守過去真正的界限，只能在辦公室內作業，我們就會同意，他們不可能達成我們對於網路研討會的期望。然而，我們已經重新畫清楚界限，也安排好尋求外援的預算，這件事需要和資訊科技部門多次對話，他們才能夠真正去向外尋求供應商，幫他們快速建立好網路研討會。

即使他們在接受這項新的實情之後，還是很習慣只依賴內部的運作方式，因此，要讓他們放棄那已不存在的界限，所花的時間還是長過任何人的預期。而他們終於放棄之後，他們就用上較高的創意去處理這個問題，也根據我們的期望交差。

這次事件提醒我們，坦率真誠地討論界限問題可以引爆人們的創意，激勵他們自問還能做什麼才能滿足期望。有信心才能做到這點，有信任才能做到這點。當你花時間在合適的現有界限之內建立彼此的了解，就可以建立信心與信任。

討論支援

接下來要討論的是，必須達成期望的人可以得到哪些支援，在談到「如何」做到時，這是另一個重要的考量。

有位企業界領袖，他的成就讓我們十分佩服，他告訴我們：

「我們時常跟部屬說：『我需要你做這個，』然後，就任他們自生自滅。我們沒跟他們溝通，有什麼我們可以幫助他們，以能達成我們的期望。他們常常都已經開始四處奔波，才知道原來自己還可以接受訓練、教練、教導，或取得各式各樣重要的資源。」

　　有關支援的討論，應該要釐清人們得知「能夠得到什麼可靠的支援與必要的資源」，這項知識也會提升信任與信心。

　　為了強調有關支援的討論，我們時常會談到一則有趣卻發人深省的故事。

【案例：因為我的背受傷了，舉不起滿滿的洗衣籃】

　　我們有位客戶來自一個醫療管理公司，他談到他們的一家醫院裡的一位女士處理待洗衣物的方式。這位女士最近受了傷，造成她無法用力舉起一整袋的待洗衣物，因為她如果這麼做就會拉扯到背部的肌肉引起疼痛。她不知道自己可以向別人求助，因此，她用自己的方式解決問題——那就是在每一個衣物袋裡放一張紙條：「**請勿將衣物裝滿！我的背部受傷，舉不起來。**」

　　第二天，她不僅沒發現袋子較輕、較易提舉，反而衣物都滿了出來，想像一下她有多麼驚訝——顯然，她的紙條冒犯不少人。她推拖拉扯那些塞滿了待洗衣物的袋子，正巧有位醫院的管理人員看見了她的困難。他和她討論過她的處境之後，建議他們多給她兩個袋子，每個袋子的重量就可以減少三分之二。這是個聰明的解決方法，很少的花費就可以執行，而且讓這位女士比較容易完成她的工作。

　　顯然當人們知道了可用的資源，包括你鼓勵他們去尋求意見，了解如何克服障礙，長期下來，就可以比較輕鬆快速地達成你的期望，也為你省下時間和金錢。

　　在較大的範圍裡，我們看見同樣的情形，發生在我們一位銀行業的客戶身上。

【案例：先討論，再執行】

　　這是一家全美的知名銀行，零售管理處正要施行該銀行策略的一個主要措施，增加行員的引介率以改善營業額。

　　一般而言，銀行都是集中精神，讓行員執行所需的策略；但是，管理階層明智地決定，要先和行員仔細討論他們可以得到什麼支援，這個決策可以讓他們做得更有效率、利潤更高。分行經理、行員主管，加上小組運作，零售管理和其他的業務夥伴全都加入一系列的腦力激盪，了解如何能夠在所有的分行裡，將這項新計畫執行到最好。

　　他們在腦力激盪之中，也想到人們會需要什麼支援，才能完成任務。最後一次會議，他們擬出一個企畫案，讓分行經理和行員主管一同成為分行的管理團隊，共同當責、教練行員。

　　整個團隊通力合作，人力資源部門也舉辦工作坊，教導經理人撰寫有效的檢討報告，資訊科技部門開發了一項追蹤制度，每周更新行員主動引介的情形，零售管理人員也每周調整會議議程，以便空出時間檢討分行的教練情形是否成功，或者是否遭遇挑戰。有了這項支援，引介次數增加了145%，從這些引介帶來的銷售業績比去年同期增加了155%。

　　由此可見，事先舉行支援討論的結果，會使得一些例行公事蛻變為可觀的成果。

確實說明「何時」

　　釐清「為何」與「何事」之後，你就可以表明你在時間上的期望。每一個主要期望都應該要加上一個「在何時之前」；否則，人們的做事態度可能會太隨興，或是太過匆忙，兩者都可能導致令人失望的結果。

　　你絕對不可以假設人們能夠抓得住某一特定期望的急迫性。人們只要聽見「儘快」，動作就會慢得讓你大失所望——因為你說得不夠具體。這就是為什麼你必須為所有的主要期望加上（或商量）一個思慮周詳的「在何時之前」。每一個主要期望都需要一個明確的時間點。

　　截止期限是人生不可或缺的一部分，因此你在溝通任何期望時，都必須強調時間。「何時之前」的截止期限裡，必須包含明確的「日期」和「時間」。就連「截止期限」（deadline）的起源都強調了它的重要性。

　　在美國內戰時期，監獄裡的獄卒都會在監獄的地上畫一條真正的界線，囚犯不能越過這條線，否則會被射殺，因而有「deadline」的說法。現在，我們並不是建議你去殺死錯過截止期限的人，而是在強調你應該要確實「在地板上畫出界線」，讓人們可以清楚看見，並能夠留神注意。

【案例：組織文化裡，竟然沒有「截止期限」四個字！】

有時候，你會遇到當責式管理的精神和組織文化所強調的內容矛盾。

我們的客戶愛咪‧高登（Amy Gooden，化名）是多林傑繪圖公司（Dollinger Graphics，化名）的主管，她就曾經和這種文化正面衝撞。

再過兩個星期，她就必須向高階主管進行第一次的報告，她很怕她的團隊會「脫軌」。

她非常認真地跟她的團隊說：「我很擔心。我們只剩兩個星期就必須進行這第一次的大報告，但是，我看大家好像都還沒準備好。你們還在改來改去，似乎還是不大確定。你們的概念很正確，但是好像沒有很好的計畫。幫我了解一下這是怎麼回事。」

她的團隊回道：「你的意思是什麼？再兩個星期？我們根本不知道有這回事。」

這使她大為震驚。「你們說真的嗎？」

他們是說真的：「是啊！我們在多林傑根本沒有什麼截止期限的。」

愛咪馬上快速反擊：「可是我有啊！我跟主管承諾要在這一天之前報告，而且我希望我們可以交差！」

她的團隊並不接受她的說法：「愛咪，你不了解，這裡的日期真的是很流動性的。」

愛咪更生氣回道：「喂，這些日期對我來說可**不是**流動性的，從現在開始，它們對**你們**來說也不是流動性的。」

愛咪繼續跟我們說，在多林傑這家公司裡，不只一個人很明

確地告訴她「這家公司沒有截止期限」，但她就是「無法了解這件事情」。

在其他員工的心目中，她是「遵守截止期限」的怪人，這種行為根本和整個組織的企業文化格格不入。當然，她對截止期限的執著，是推倒整個期望鏈的最後一根稻草。

在你的團隊、部門、整個組織、甚至在外部有影響力的人士面前創造出一種氛圍，讓大家了解貨真價實的截止期限，對於組織是一件非常重要的事情，它可以大大提升每一個人達成期望的能力。

用自己的風格溝通「為何─何事─何時」

你的當責風格也會影響到你如何溝通「為何─何事─何時」，以及人們如何接受到你的訊息。

比較喜歡用控制與強迫風格的人，可能誤以為一次的溝通就很足夠了。前述提到一家國際航空公司以七種不同方式說明一項新政策或新程序的例子提醒我們，大多數人都需要聽到不只一次，才能夠清楚了解別人要求我們做什麼，尤其是當我們面對的是環境變化與具有挑戰性的障礙時。

永遠假設，人們需要多次聽見訊息並加以討論，這對你會有好處的。

在設定「何時之前」的期望時，這種風格也比較容易不切實際，設定逼人太甚的截止期限，在無法達成邊緣掙扎，也許從一

開始就注定了失敗的命運。這種「設法做到」的態度是兩面刃，有些人可以做到，有些人卻不行。控制與強迫風格的人，要提醒自己這句警語：「**只要不是動手自己做的事情，出乎意料是一件很正常的事情。**」

這種風格的人也比較容易在過程中產生不耐。對這種風格的人來說，花時間談論期望、界限、支援與投入似乎太麻煩，因為它需要事先釐清不少細節，他們寧可讓人們自己去想辦法。

同樣地，這時候你必須認清，事先花費的時間是很好的投資，長期下來會讓你省下許多時間，也可以確保人們能夠達成你的期望。

至於等待與旁觀風格的人，他們可能會落入「同情的陷阱」──在「為何─何事─何時」的對話裡，對別人太過體貼，以致覺得有義務供給一些其實不必提供的支援。

如果你認為，自己是個等待與旁觀風格的人，你們的談話方向也許就不利於讓他們移除一路上的疑慮與問題，讓他們能夠有效達成期望。你最需要避免的是，當你們有數不清的問題要解決，你卻兩手一攤，不再討論，尤其是當別人覺得你必須做到自己該做的事，否則他們就無法前進時。

試著把對話帶回這個問題：「你還可以多做什麼，才能繼續前進、克服障礙，而且取得成果？」

具備這種風格的人，也許還會覺得根本就應該要跳過「何時之前」的步驟。如果你因為喜歡這些人、尊重他們、信任他們，而覺得「為何要苛刻地給他們一個牢不可破的截止期限？」時，切記，因為他們如果不知道有一個到期日，你就是在害他們失

敗，也幫不了他們的忙。也許你可以和你的夥伴一同練習設定截止期限，他們必須要求你設定一個「何時之前」的時限。

　　如此一來，就不會有人太過急躁，或是步調太過優閒，錯誤地假設他們有一輩子的時間完成工作。調整你的方法、利用你當責風格的優勢、彌補你的缺陷，如此一來，你在運用「為何—何事—何時」法則就會有效得多。

當責實況檢查

　　接下來幾天，請你花一點時間在工作中應用本章所學。從你完成第二章的「當責關係表」上，選擇一個人進行對話。對話一開始，先說明你希望誠實坦率的意見回饋。針對你們最近溝通一項期望的過程，問問此人對你的做法有何感想。使用「六種塑造強制性『為何』的方法」，以及「為何—何事—何時」架構為指導方針。

　　【祕技：九個提問，實踐「為何—何事—何時」法則】

1. 你有針對此人量身訂做你的訊息嗎？
2. 你是否盡量讓訊息簡單明瞭？
3. 人們是否認為這些訊息誠實坦率，讓人們相信它是貨真價實的，而不只是「公司派的官方說法」？
4. 你是否使它成為一種對話，而不是自言自語？
5. 此人「投入」此一任務的心意有多強？
6. 你是否以策略背景做為它的框架？

7. 你是否使用FORM檢查表溝通期望？

8. 你是否討論過界限與支援？

9. 你是否設定一個明確而合理的截止期限？

不要只是找一個你認為已經清楚聽懂你的訊息的人。而是要找個「沒聽懂」的人，這樣一來，你會比較清楚自己在溝通主要期望時的作風是好或不好。

為何—何事—何時—再一次

本章中，我們建議「為何—何事—何時法則」的對話必須進行不只一次。就像那個國際航空公司的機長所言，重要的主題，你應該要溝通七次，用七種不同的方法。一開始就要找個方法來進行一次以上的對話，這可以幫助你確保這項溝通能夠充分創造完整的了解：那種能夠抓住人們的心靈與頭腦的了解。

有效執行為何—何事—何時法，它就是一個有力的工具，讓人們能夠對準你想要成就的事。要達成主要期望，取得成果，校準是不可或缺的。當責流程外環的下一步，會讓你看見究竟要怎麼做。

第三章小結：正面又合理的方法

快速檢討本章提出的重點，有助於讓它們在你的組織中運作。記得，要想精通這些步驟與方法，最好的方式，就是選擇你目前在日常工作用得上的部分，將它應用出來。

命令、控制、失敗

要想達成主要期望，就需要下相當的功夫，個人全面投入，舊式的何事─何時法已經無法打動人心，讓他們投入足夠的「心靈與頭腦」。

為何─何事─何時

你需要進行雙向的對話，它要能夠清楚傳達你希望達成何事，讓人們能夠投入，使其成真。

- 讓「為何」帶有強制性：談到「為何」時，必須將他們當成單一的個人，說服他們，「何事」與「何時」的完成攸關他們個人。
- 討論「何事」：釐清「何事」的第一步，就是在運用 FORM 檢查表之後，有效溝通「主要」期望。
- 討論界限：接下來，你必須在事前釐清人們可以做什麼，以及不能做什麼，探討「真正」與「想像中」的界限。這項對話應該要能夠建立信任。

- 討論支援：「何事」的最後一個步驟，是在一開始就必須說明，為了幫助他們達成你的期望，你可以提供哪些支援。
- 確實說明「何時」：每一個主要期望都應該要加上一個「在何時之前」，明訂達成期望的日期與時間。

第4章 | 校準期望

完全校準表示相應一致

現在你已經走完外環的前兩個步驟，下一步就是確保期望鏈上的每一個人都已經對準你的期望。你細心形成你的期望，經過徹底溝通，但還是可能無法完成，除非你的期望鏈裡的每一個人都能對準那些期望，而且保持在校準狀態。

不幸的是，我們會時常假設人們已經對準，因為我們已經跟他們進行過妥善的溝通，結果一覺醒來，才發現我們期待的成果毫無蹤影。

要達成主要期望，必須認清校準有不同的層次。最高級是使人完全投入，成為它的主人，也就是我們所謂的「完全校準」（Complete Alignment）。其他層次的校準，投入程度較底，則是落在我們所謂的「順從」（Complyment）。

當人們決定一同朝一個目的地前進，不是因為他們同意前進的方向，而是因為他們認為向前推進，順從你要他們做的事，才是對他們最有利的事。現今組織大多時興順從規則。它也許可以讓「手和腳」移動，卻通常無法激發成功所需的投入「心靈與頭

腦」與責任感。相對地，完全校準讓人們協同一致的程度，使他們相信應該要完成期望，而且也致力於使其成真。

當你讓大家完全校準，他們不僅會投資他們的「手和腳」，還會加入「心與腦」去完成任務。當人們完全同意這項任務——當他們和你一樣想要達成期望——他們就會滿足你的期望，甚至會比他們單純地只是順從要求時，更能超越你的期望。

【案例：不符期待的登山繩】

想要做到完全校準並不是一件容易的事情。比方說，荷蘭探險隊領隊威爾柯·范萊恩（Wilco van Rooijen）在巴基斯坦首都伊斯蘭馬巴德（Islamabad）的醫院病床上，回想他們攀登全世界第二高峰K2峰時，發生於二〇〇八年八月造成了十一人死亡的山難。

經驗豐富的登山者視K2峰為險象環生的高山，因為它的坡度比聖母峰（Mt. Everest，亦稱珠穆朗瑪峰）還陡，巨石更多，天氣更是變化多端，也更容易遭逢暴風雪來襲。紀錄顯示，有七十幾人因為試圖攀登K2峰而死亡。

想像你在攀登一座像K2峰這種可能造成生命危險的高山，卻發現有個隊友帶來的登山繩，長度只有你要求的一半。

以荷蘭探險隊為例，或許有人認為這是個簡單的疏忽。但是如果你考慮到其實荷蘭探險隊有多餘的時間可以準備（因為惡劣的天候迫使他們必須改變時程，比原訂行程晚一個月出發），這個「簡單的錯誤」就變得難以想像，而且完全無法接受。

我們必須了解，為什麼登頂所需的繩索數量錯誤，會造成如

此慘痛的代價。在隊員開始攀登之後不久，他們看見，在最危險的地段，也就是人知的「瓶頸」（Bottleneck）地帶，有一大塊冰塊滾落。這冰塊切斷探險隊輔助隊員攀頂的登山繩。

范萊恩試著解釋這起悲劇事件時說：**「我們犯的最嚴重的錯誤，就是試著達成共識。每一個人都有自己的責任，結果卻不是每一個人都信守承諾。」**

他「以為」他創造了完全校準，不只針對人們需要做到的事，還讓他們明白貫徹執行大家同意做到的事情為什麼很重要。

范萊恩沮喪的是，儘管大家在山上面對的是生死存亡的事，他還是沒有達成足夠的校準，以確保那些簡單而可以避免的錯誤不會發生，例如帶來足夠的登山繩。因為登山繩不足，范萊恩憶起整支隊伍都在「浪費寶貴的時間，只為了必須從山底下把繩索切斷，帶到山上。」

最後，他們雖然有多餘的時間可以準備，由於缺乏完全校準，還是造成了或許是有史以來最嚴重的山難。

完全校準連鎖反應

完全校準不僅可以使人們充滿動力，讓他們使自己的心靈與頭腦負起當責、達成期望，它還能啟動連鎖反應，因為有完全校準的人在場，別人的校準程度也可以獲得改善。

【案例：降低工安事件的發生日數】

馬克‧卡茲（Mark Katz）是江森自控科技公司（Johnson Controls Inc.，以下簡稱JCI）的副總裁，他的管理團隊就體驗過這般校準所造成的強大影響力。JCI在《財星》雜誌（*Fortune*）美國二十大最受尊崇企業（America's Most Admired Companies）項目中，連續三年贏得第一名。該公司表現卓越，是因為它有馬克這類團隊的績效表現，他們在JCI的服務部門裡，形成、溝通與校準有關安全的期望。影響職場士氣最大的莫過於安全的工作環境。

過去一年來，建造效率部門提報一百零二次工安事件，每一次都造成工作日的損失。不僅馬克和他的管理團隊想看到那個數字降低，期望鏈上下的每一個人也都不例外。建造效率部門運用一些與外環步驟相關的法則，創造了完全校準，使期望鏈上的每一個人都了解減少工安事件的重要性。

如此一來，整個團隊達成了任務——以工作日的損失為計算方式，短短的一年之內，工安事件發生日數從一百零二天減少到了只剩十九天，大幅降低81％！

建造效率部門除了注重安全問題，還針對顧客的滿意度，在公司內形成並溝通期望。他們在整個組織內，以這些期望為中心，將每一個部分校準，一直到每一個人都了解人們對他們的期望為何，以及他們可以如何幫忙，尤其是前線的工作人員。該團隊召集各分公司經理，請他們開會討論，目的在於組織前線的技工團隊，使他們形成校準。

起初，這些對話讓技工們頗受驚嚇，心中充滿狐疑：「什

麼？你要我為顧客滿意度負責？我跟顧客滿意有什麼關係？」

　　這事一眼望去就不合理，許多人不禁表達他們的疑問：「如果別人沒把事情做好呢？」

　　然而，在粗獷的對話與坦誠的討論之後，整個團隊開始產生共識，了解組織想要達成的目標，以及為什麼它需要這麼做。

　　最後，一位技工貼切地總結道：「如果我們可以通力合作，顧客應該就會比較滿意吧！」該部門就跟處理工安問題一樣，再度創造完全校準，顧客滿意度也因而大幅提升。

　　如果你只需要「手和腳」來完成工作，順從當然也可以行得通。以大多數日常的工作來說，順從就足以將工作完成，但是，如果要滿足那所有重要的主要期望，就會需要個人較高程度的投資，才能夠得到人們樂於當責、勇於當責、善於當責的心靈與頭腦，每一個人也才能夠貫徹始終。

　　有了這樣的投資，你才有機會得到豐碩的回報，你為了建立完全校準所投注的時間、精神與心力才不致白費。這樣的校準不是出自你個人的魔力，而是一個審慎的按部就班的方法，讓你能夠贏得你所指望的人們的心靈與頭腦。**投資心靈與頭腦的人不會只是滿足工作的基本要求，而是會設法讓夢想成真，甚至超越期望。一件事情不僅有做、做完，還能做對、做好！**

　　我們有個客戶是一家大型的國際連鎖飯店，他們邀請我們去幫他們組織內的每一個階層培養出責任感，他們就是一個好例子。

【案例：請問您要選哪一套晚禮服？】

這家飯店員工問一名房客住房品質如何，房客回道，一切都很好，只不過他那天晚上需要去參加一項重要的晚宴，但是他忘了帶正式禮服來。

這名員工於是自作主張，聯絡餐廳夜班的經理，當時經理還在家，他問經理能不能來上班時，帶來他自己的晚禮服，因為這位經理的體型和這位客人差不多。

夜班經理來上班時，不僅帶一套晚禮服，而是帶兩套讓他挑選。這名客人對這種超越本分多做一點的服務品質極為驚喜。

於是在他退房之前，向飯店的總經理讚美他們的行為，而且，或許還四處宣揚，他的朋友和同事聽了也都覺得很驚訝於這種完全的投入，以及它所得到的成果。

這就是當你投入當責的「心靈與頭腦」時的必然結果——你得到那種人們忍不住想要不斷談論的果實。

當然，當我們談到人們的「心靈與頭腦」，我們談的不是個人為了自己和家人的犧牲。我們談的是為了達成期望而做深層的專業投入。

在《今日美國》（*USA Today*）的一項專訪中，記者戴爾·瓊斯（Del Jones）問卡地納健康集團（Cardinal Health，這是財星五百大中的第十九大公司）的執行長凱利·克拉克（Kerry Clark）這個校準的問題：「卡地納的員工當中，有大約四萬五千人根本不認識你。你會期待他們為你赴湯蹈火嗎？」

克拉克回答：

「我找的是可以自己創業，自己創造一個組織的人，這不是忠誠度的問題，而是要面對現實、當責、做『對的事』。所以，這不是要為我赴湯蹈火，而是即使面前有『湯』又有『火』，也知道要怎麼妥善處理。」

抓住與你共事的人樂於當責、勇於當責、善於當責的心靈與頭腦，是你取得「完全校準」的另一種說法。

偵測完全校準的線索

要如何分辨完全校準與單純的順從？你仔細看人們在達成期望時，都在做些什麼？說些什麼？【表4-1】裡，我們提供一些線索，讓你可以認出它們之間的差別。

【表4-1：比一比！順從與完全校準】

順從	完全校準
1. 人們需要你不斷提醒：「我們為什麼要做這件事？」	1. 人們會談到他們此時在做的事有多麼重要，有多少正面的影響。
2. 人們並沒有付出百分之百的心力。	2. 人們會付出百分之百的心力。
3. 人們只是在打馬虎眼，只想把一件事情「有做」「做完」。	3. 人們會投資自己，設法完成工作，還要加上個人的用心，不僅「有做」「做完」，還能「做對」「做好」，明顯可見他們是「做自己的主人」。
4. 人們和別人討論任務時，並未表現出明顯的熱情。	4. 人們充滿信心地談論自己這件工作的重要性。
5. 人們很快覺得動彈不得，不知道「還能做什麼」克服棘手的難題。	5. 人們會進行創意思考，會施展開來，克服他們遭遇的所有困難。

你可以看到，**順從也許可以把事情「有做」「做完」，但是，完全校準卻能夠把事情「做對」「做好」。**

搬動巨石

當某人遇見了格外驚人的挑戰之際，便是完全校準的連鎖反應展現出最強大力量的時候。

【案例：移開那顆巨石，就不用罰桿】

一九九九年的鳳凰城高爾夫球公開賽（Phoenix Open）最後，老虎伍茲（Tiger Woods）開球時，球遠遠地飛向左邊，落在一顆巨石旁，離球道有十五碼之遙。

在伍茲的詢問之下，一位裁判回答，是的，那塊巨石是非固定障礙物，意指球員可以將該障礙物移開，而不用罰桿，在一旁的觀眾和評論家聽了都覺得很意外。

它也許是「非固定的」，卻至少有一千磅重。十幾個觀眾自告奮勇去搬動那顆半噸重的障礙物，大家朝著同一個方向使力，將巨石移到正好足夠讓伍茲擊球的位置。電視上的那個畫面使我們想起完全校準的力量，當充滿熱情的一群人一同前進，移動或達成那看似不可能的任務。結果是什麼呢？

老虎伍茲繼續以低於標準桿一桿的成績領先，引起足夠的爭議，說裁判改變了高爾夫球的規則——現今所謂的「非固定障礙物」，是你和你的桿弟兩人能夠搬得動才算。

如果期望鏈中的每一個人，不只一個人，都朝不同的方向「推動巨石」，那麼，大石頭將是文風不動的。

【案例：澆人冷水的執行長】

克利斯・所羅門（化名）對公司的成功有極大的貢獻，但他還是琵琶別抱，離開了橋港健康公司（Bridgeport Health Corp，化名，以下簡稱BHC），才走了短短一年，又禁不起BHC執行長的熱情呼喚，要他回來幫助組織度過他們計畫中重要的下一步——提升公司診所的營業額。

克利斯回來工作之後，全心投入、努力工作，在一年半之內，就在組織內引起另一場重大的衝擊。他在整個醫院裡引進精實生產系統，因此績效獲得大幅改善。病人的滿意度顯著提升，診所內的等待時間大幅縮短，企業整體的績效表現來到前所未有的水準。

事實上，克利斯的積極進取帶來的成就，讓BHC的領導者要他周遊全國和其他公司分享成功故事。公司裡人人都知道BHC將克利斯塑造成一個「明星」，當他在分享他成功的故事，執行精實生產的「同仁審查」和「黑帶」訓練時，都是為了提升BHC的形象。他的成就已經成為許多組織追求卓越的基準程序。有了這許多關愛的眼神，顯示克利斯的方向正確，而且他自我感覺良好，以為管理高層很滿意他的表現。

然後，在一次管理團隊的公共論壇中，執行長宣稱克利斯和他的團隊「進步不夠快」，說他以為克利斯的成就應該比現在大得多。一席話說得克利斯聽得目瞪口呆，甚至無法相信自己的耳朵。

基本上，執行長是否定了克利斯和他的團隊在診所裡的所有

成就。他何苦在斷尾求生之後，還要被一塊厚木板迎面重擊？

　　一個藍色星期一的早晨，怒氣沖沖的克利斯和執行長、營運長及醫務長見面。他表示執行長的評語使得他非常洩氣。

　　「你要我相信我過去這一年的所作所為都是不良績效嗎？」他說明所有的大型醫院都已經開始採用他的精實生產概念為基準程序。

　　克利斯想知道：「怎麼搞的！事情怎麼會變成這樣？」

　　執行長為了防衛自己的立場，對克利斯說：「我不懂為什麼你要覺得受到冒犯。」

　　他以為，克利斯的看法會跟他一樣。大家都知道董事會對執行長施壓，要求改善獲利，而且克利斯是最主要負責推動巨石的人。毫無疑問，克利斯將組織內的生產力提升了三、四級，但是在把營業額轉為獲利方面，他的努力速度還不夠快。執行長不解，為什麼在真正的獲利目標上，克利斯和他沒有完全校準？為什麼克利斯將巨石推往一個方向，而執行長卻是推往相反的方向？克利斯感受到的完全沮喪，而不是完全校準，因此，他終究還是離開了公司。

　　克利斯離職之後，BHC的病人滿意度急轉直下，而且，一直到今天還是不見改善，市占率也在降低之中。

　　嚴重缺乏校準，會使得每一個人都覺得不滿意，也無法達成期望。

　　切記，要確保團隊成員你們已經完全校準，大家都朝同一個方向前進，最主要的還是要針對你的主要期望，進行正確的對話。

校準對話

　　校準對話（Alignment Dialogue）可以確保期望鏈上下的每一個人都能夠投入自己的心靈與頭腦，消除單純的順從為主要期望帶來的危險。校準對話包含三個簡單的步驟，它可以幫你判別目前的校準（或順從）程度，同時判定你還能做什麼以取得完全校準。假如克利斯和執行長曾經走過這些步驟，他們也許就可以避開因為站在巨石相對的兩面，而產生的破壞性衝突。迅速看過校準對話的模型，我們再來討論你可以如何將它應用在工作上。

【當責管理模型10：校準對話】

計分	重述期望，同意使用完全校準對話，讓他們為自己和主要期望的校準程度打分數（一分到十分）
評估	判斷還需要什麼，問： 1.清楚嗎？　　　3.需要這麼做嗎？ 2.能夠達成嗎？　　4.相關聯嗎？
解決	解決各種疑慮，確認原來的期望，或是使用「為何—何事—何時」法修改它

第一步：計分

　　當你感覺到有任何未曾校準的情形時，請你開啟這項對話——先將期望重述一遍，並同意使用校準對話。要求人們同意使

用這項工具，就是允許人們在這項工具的參數之內運作，以取得完全校準。有了這項理解，便開始和大家進行一場開誠布公的對話，討論他們同意你的期望的程度如何（當然，我們假設你們已經有效形成與溝通該期望）。

我們建議你要求他們指定一個數字，代表大家同意的程度，因為這可以讓你有個比較具體的感覺，了解他們目前的同意程度和你想要達成的程度之間是否有距離。數字低就表示你們還需要再努力。分數愈高，尤其是十分的話，就會讓你覺得愈安心，因為期望鏈上的人都已經進入狀況，他們會投資自己的心靈和頭腦在手邊的任務裡。使用如下表格來詮釋你的結果：

【表4-2：解讀校準對話】

假如他們回答的分數是	那麼他們也許……
1至2分	不同意你要求他們前進的方向。需要相當費功夫，真正地理解，才能讓他們前進。未曾解除他們的疑慮，卻要求他們前進，很可能會帶來抗拒心理，產生怨恨。
3至4分	有點同意「為何」，但是也許沒有真正了解。他們也許最擔心的是「如何」（how），而且發現該期望很難達成。你可以說服他們改變心意，但你需要直接解決他們的疑慮。
5至6分	他們對自己該做的事有點懷疑。他們也許了解「為何？」，卻不懂「為何是現在？」瞄準並解決他們的問題根源，就可以讓他們很快步上軌道。
7至8分	同意，但是再多一些對話，就很可能讓他們能夠帶著心靈與頭腦一同前進。
9至10分	強烈地支持這個方向，也已經做好前進的準備。

在這個校準對話裡，你要刺激大家直言不諱、有話直說，鼓勵人們給你完全坦白的答案。清清楚楚讓他們知道，你要聽見他們**真正的**想法，而不是他們認為你想聽到的答案。

第二步：評估

你對目前同意的程度有所了解之後，就可以判斷還需要什麼以取得完全校準。人們無法校準的原因各自不同，但你可以將它們分類，提出如下四個主要問題：

1. 清楚嗎？
2. 能夠達成嗎？
3. 需要這麼做嗎？
4. 相關聯嗎？

這些問題可以引導談話，討論少了些什麼。如我們在《翡翠城之旅》一書中強調的：「校準是一個過程，而非事件。」某些自然的力量不斷干擾，造成人們無法校準。長期下來，一項期望可能再度變得模糊不清，或開始偏離公司的願景——市場的氛圍也許發生巨變，或是公司的資源使得工作更難完成。

無論原因是什麼，上述的四個問題是很方便的工具，可以用來判斷校準不良的源頭何在。即使你在一開始的校準分數是完美的滿分——「十分」，還是會有一大堆正常的業務變動改變你的同意程度，無論你身處期望鏈的哪一個位置。

「清楚嗎？」這個問題讓你可以評估某人對這項期望的了解。答案也許可以顯露你並未妥當形成或溝通你的期望。

【案例：我該滿足誰的期望？】

我們有一位客戶是一家大型企業的服務部主任，她問起該公司的五十名副總，他們是否滿意她的部門帶給他們的經驗和成果。由於這些人包括負責監管公司補助的人，這位主任要確定每一個人都很「清楚」她的團隊提供的支援是他們想要的。每一個人都很客氣地回答：「是的，」她的團隊很和善，總是願意幫忙。這項回應讓這位主任樂不可支——直到她聽見一句讓她很不安的話：「但是，如果你的團隊明天就走了，對我們其實沒有任何影響。」

這位主任向她的團隊轉述這句話時，他們都強烈地表示無法認同。「他們不可能不滿意我們交出的工作成果啊！他們叫我們做什麼，我們就做什麼。你一定是找錯人了。去找那些副總的部屬。我們知道他們很滿意，因為他們老是跟我們這麼說！」

這個反應，使得主任必須向她的工作夥伴說清楚、講明白，他們部門的資金來源是公司的管理團隊，如果從管理團隊的觀點看起來，他們交出的成績沒有任何真正的價值，他們的資金就會立即停止。該團隊努力執行服務部門的支援工作，卻並不「清楚」他們該滿足誰的期望。

這個故事給我們教訓是——必須達成期望的每一個人，都要能夠給你坦誠的好意見，表示他們確實清楚了解，在你得到這些

意見回饋之前，絕對不能假設他們都已經很清楚了。

「能夠達成嗎？」換句話說，人們真的能夠執行交付一項特定期望嗎？他們在考慮自己的技能，可用的資源，其他同樣需要完成的重要事項，以及既有的障礙之後，他們還覺得自己真的可以做到人們要求的事嗎？假如答案是否定的，那麼，完全校準會顯得遙不可及——有時候，這問題甚至攸關生死。

【案例：我們也許太高估自己了】

一九四四年，盟軍發展出一套攻擊計畫，要攻占荷蘭東部的一排橋梁，那麼盟軍才能夠有一條路徑向前推進，而不用遭遇德軍的防禦陣線。這一排橋梁中，最北端是在阿納姆（Arnhem）小鎮上，橫跨萊茵河的一座橋。該計畫預備在那些目標橋梁附近降落傘兵。這些傘兵部隊會從地面部隊得到支援，讓他們可以循著唯一的大馬路往北方前進，而這條大馬路會經過那些已經攻下的橋梁。只要士兵們攻占阿納姆的那座橋，他們就等於除去擋住德國入口的最後一個天然屏障，即萊茵河。

在計畫會議上，英國的白朗寧（Frederick Browning）中將當時是盟軍第一空降部隊（First Allied Airborne Army）的作戰副司令。他向陸軍元帥蒙哥馬利（Bernard Montgomery）將軍提出「可達成性」的問題，他說：「我們也許太高估自己了。」

最後一分鐘的偵察照片顯示，德軍的裝甲兵團已經就定位，要擋住盟軍的進攻。英國對這些報告視而不見，認為那些裝甲車根本起不了作用。就連荷蘭的地下情報都證實了這項威脅，但這

些警告都被當成了耳邊風。後來的結果是,事實上,有位指揮德國後備軍人的陸軍元帥已經將他的部隊布署在那個地區,可以提供強大的防衛能力。

　　更慘的是,盟軍沒有足夠的飛機運送裝備與傘兵。也沒有人能肯定重要的通訊設備是否能夠傳送那麼遙遠的距離。除了這些問題之外,最困難的一點是,要攻占阿納姆的那些橋梁,需要將傘兵降落在離橋八哩之遙的地面,然後在敵人的砲火之中,傘兵必須橫越一望無際的田野。這整個攻占橋梁的計畫,還得看盟軍的地面部隊是否有能力在兩、三天內,順著一條狹窄的馬路及時趕到,以強化守住橋梁的傘兵部隊的兵力。

　　不幸的是,白朗寧將軍提起的「可達成性」對話無疾而終。歷史顯示,傘兵部隊抵達了橋梁,援兵卻始終沒到。這一場大敗耗費了珍貴的生命與時間。又過了半年多,盟軍才經由德國雷瑪根市(Remagen)的魯道夫橋(Ludendorff Bridge)跨越萊茵河。

　　「需要這麼做嗎?」人們認為「為何」的理由足夠令人無法拒絕嗎?探索這個問題,可能會揭露期望鏈上的一些令人意料的問題。

【案例:準時完成百分之百的計畫】

　　非營利醫療組織西奈(Cedars-Sinai)的威望很高,資訊長在整個資訊科技部門溝通一項期望,表示他們要「準時完成百分之百的計畫」。

　　他最頂尖的團隊聽見這項要求時不禁存疑。他們不僅認為這是個不可能的夢想，也覺得沒有必要，因為這一行的人都不會預期能夠準時完成每一個計畫。當對話來到外部的供應商時，反對的聲浪更強烈，因為這是許多人覺得自己無法掌控的變數。這是不可能的事。

　　然而，當資訊長更詳細說明「為什麼需要這麼做？」並且讓他的團隊感受到不得不然的強制性時，人們開始恍然大悟。「我們為什麼要去用一些根本就不能交差的供應商？」他們開始這麼想。

　　當資訊長看向期望鏈下線的供應商時，他清楚看到「準時」的目標非靠他們不可。也就是說，他必須像面對他的手下一樣，給供應商一些必須準時的理由。

　　「**相關聯嗎？**」人們是否看見你的期望在策略上符合組織的重要目標？如果不合，他們就不會和你的期望完全校準，因為他們認為兩者之間的優先順序有所衝突。

【案例：不，這是可能的任務】

　　賽瑞迪恩公司（Ceridian Corporation）的保羅・艾弗瑞特（Paul Everett）負責該公司的人力資源員工服務中心。他的上司期望保羅的部門給他兩個成果──改善的服務和改善的營運利潤。這對保羅來說，並不意外，因為他的重點一直都是這兩個目標，而且覺得他的部門在這兩方面的表現都有很大的進步。

　　過去這一年，平均回答速度（average speed of answer，以

下簡稱ASA）減少12%，也就是說，回答一個客戶從4.44分鐘減少到3.91分鐘，成本也減少了整整7%。然後保羅的上司設定新的一年的目標為：「我要ASA降低到一分鐘，成本要再減少8%。」這點讓保羅很擔心。

這個部門已經摘下「所有容易摘到的果實」，也就是最容易達到的ASA和降低成本。他雖然很想讓老闆滿意，要怎麼做卻是毫無頭緒。他們也許可以把ASA減少到一分鐘，但是如果降低成本、減少資源，那就做不到了。他一面思考這個兩難的困境，最後看見了唯一的解決方式——更進一步投資科技與訓練。

打定這個主意之後，保羅便和管理團隊進行校準對話，溝通他們真正想要的是什麼。每一個人都想達成這兩項期望，但是賽瑞迪恩目前的策略方向需要資金，意指必須刪減預算。這在保羅聽來，似乎他們希望用較少的資源、提供令人滿意的服務。但是，他無法肯定。

他和上司對話時說：「我無法在失去8%的成本之下，達到ASA降到一分鐘的目標。因為，我需要一部分的預算去做到這點。要降到一分鐘的目標，我需要下更大的功夫。」

接著，他提出自己的解決方案：「我覺得我可以在目前的狀況之下，做到兩分鐘的程度，也達成財務績效的目標。」換句話說，他在問：「管理團隊真正要是什麼？」他的上司同意這個策略目標是先達成財務數字，其次才是降低ASA。他們很快談妥目標是減少8%的成本、ASA降至兩分鐘。

當你的上司要求你做某一件事時，你自然會想說：「好，我會做到。」但是保羅知道，這一次他如果這麼做，一定會失敗。

因此，他直截了當地回覆他的上司。這麼做，讓他被炒魷魚嗎？
你想太多了！

　　人力資源部的員工服務中心在過去從來沒有兩分鐘 ASA 的
紀錄，但是接下來這一年，它的月平均值低於兩分鐘。那麼，達
到降低 8% 的成本嗎？年中時，公司找上每一個部門，包括保羅
的服務中心，要求他們更進一步降低預算。

　　現在，保羅的團隊已經比原來的規模小了四分之一，因為員
工離職之後，他並沒有增補遺缺，但是依舊維持兩分鐘以下的平
均答話時間。保羅將他在服務中心的努力成功連結公司的策略，
因此現在他負責監控全國許多地方的顧客服務平台，這個發展並
不令人感到意外。

　　在一個矩陣般複雜的環境裡，你所賴以成事的人還必須做些
別人的事，而他們追求的是不同的工作重點，因此要將期望連結
起來就會格外困難。這時候校準對話就會變得格外重要，因為在
期望互有衝突而發生問題時，它會幫助每一個人避免或解決這些
問題。

第三步：解決

　　你指出有哪些缺失之後，就可以開始解決任何存在的疑慮。
完全校準要求你勸說與說服，而不是控制與強迫。後者可能會逼
出順從的情形，卻無法讓人們在前進時，帶著成功所需的高度活
力與熱情。迫使人們校準也許可以讓人們前進，卻不見得可以讓
他們思考。了解人們關切的事物，努力捕捉他們的心靈與頭腦，

這會花比較多的時間與功夫，但是絕對值得。

校準對話的這個階段需要你去了解人們所有的疑慮，尤其是他們所擔心的真實障礙與想像中的障礙，那麼你就可以直接面對它們。做法是提供資訊、教練與意見回饋。如果你真的想要完全校準，而不只是順從，那麼你就必須勸說與說服人們在這項工作中，投資他們的心靈與頭腦。我們所謂的「職位權力」（position power）可以使人們校準，但是，威權往往只是導致順從。

另一方面，「勸服的力量」（persuasion power）則能夠產生熱情的協定，只要你能夠和人們坦率對話，誠實地面對他們的需求和疑慮（兩者的差異請詳見【表4-3】）。

【表4-3：比一比！職位權力與勸服力量】

職位權力	勸服力量
你跟人們說你的想法，然後要求他們表示自己的看法，只是為了確認你自己的意見，而不是為了尋求如同忠告的不同意見。	你鼓勵人們大聲說出他們真正的想法，等他們說完，你才表達自己的看法。
你把資訊保留給自己，不想說服別人。	你提供資訊說服人們，說明你的期望有其必要。
你太快切斷工作流程，想不斷前進，無論人們是否做好足夠的準備。	你對流程表現合宜的耐性，讓人們可以仔細斟酌各種問題。
你告訴人們：「就是這樣。」	你讓人們有機會接受你要求他們去的地方。
你說你想知道人們怎麼想，然後卻又設法提醒他們——你才是老闆，這是你做主的時候。	你以各種方式邀約坦率的評論，比方說私下徵詢、電子郵件，以便了解人們真正的想法。

　　你設法為主要期望創造完全校準時，就會發現勸服的力量尤其重要。當然，你可以只是「要求」大家列隊成行，而且他們很可能就會這麼做。但是你無法要求他們精神振奮、熱情投入，為這項任務發揮極致的創意。沒辦法的，你就是必須去爭取才行。最好的爭取方式是什麼？答案是，透過勸服的力量。

　　你解決任何疑慮之後，可以根據你由對話中得來的新資訊，確認原來的期望，或是加以修改。如果你已經得到完全校準，也許就不需要再去修補原來的期望。

　　然而，假如對話使你必須重塑期望，那麼就運用「為何─何事─何時法則」重新設定，重新溝通。回頭想想保羅的兩難處境，他對管理高層的期望做出的誠實反應，使得他們修改期望，使它變得比較容易達成，也讓每一個人都從同一個方向使力推動巨石。

　　校準具有挑戰性的期望往往需要討論「如何」，我們在解決一些疑慮時，自然就會產生這種對話。有些人需要徹底討論「如何」，其他人則否，這就是人生的現實面。然而，不要假設某一種型態的人，就會把事情做得比較好。如果你想把期望鏈上的每一個人校準，你就應該要知道他們是否可能需要「如何」的對話，順利把球推進去。

　　當然，進行「如何」的對話，並不表示你必須明確告訴人們「該做什麼」。只是說，你要聽聽他們擔心「如何」完成的問題，幫助他們看到他們可以自己想出辦法。你也許會覺得，你是付錢請人來幫你想出「如何」，你根本就不應該處理這個問題。在完美的世界裡，也許真是如此，但是，如果某人需要這趟對話

才能進入狀況，你就得花點時間幫他們看見自己有能力達成這項期望。

是不是有這種時候，你就是無法取得共識，但還是必須咬緊牙根繼續前進？當然。但是，如此一來，你就接受了人們不過是順從而已。這並不盡然是世界末日。然而，我們建議你自問這個問題：「如果我指望的人只是順從，那麼，他們能夠完成這項工作嗎？」在面對主要期望時，如果你能創造出完全校準，解決疑慮向前推進，十之八九你會得到更豐碩的收穫。

最近有位客戶提醒我們，人們針對某一特定期望校準的能力，很多時候是看他們覺得自己的工作負荷是否過重。

他和他的直屬部下進行每月的一對一談話時，都會空出一段時間進行「你的時間」（這是他的形容）。這時候，人們可以提出任何個人的問題與疑慮。他說，可以預測至少有四分之一的人會抓住這個機會說些這樣的話：「嘿，我的工作太重了。」

我們這位客戶表示，他們有這種感受時，表達出來的意見就會變成完全校準的絆腳石，而且在不久的未來就可能出現。把這點放在心上，你應該要定期了解人們「跟上」工作的情形如何。要幫助你找出工作負荷可能在什麼時候影響校準，我們建議你提出這些問題，先問問自己，然後去問與你共事的人，你就可以衡量他們跟上的程度如何。如下跟上測驗（Keeping-Up Quiz）的每一個問題，選出最合適的答案形容你目前的感受。

【自我評量4：我「跟得上」嗎？】

以下七個問題，請從三個描述中，選出一個最能貼切形容當下感受的答案

	我是否……	答案一	答案二	答案三
1	覺得自己無法承擔眼前工作量？	總是	時常	從不
2	覺得自己「贏不了」？	是的	也許	不會
3	認為我會趕不上一些截止期限？	是的	也許	不會
4	相信未來情況還是會壓力重重，看不到「輕鬆的」時候？	是的	不確定	不會
5	覺得重要的待辦事項堆積如山，而我完成它們的能力是……？	完全能	多少	完全不能
6	因為工作量太重，我覺得我無法成功？	總是	時常	從不
7	因為人們不了解我無法完成他們交辦的事，所以我覺得很沮喪？	是的	有時	不會
	各欄得分			
	總分			

現在，計算得分的方式是，「答案一」得三分，「答案二」得兩分，「答案三」得一分。將分數加總，接著用「跟上」計分卡，進一步解讀得分代表的意義。

【表4-4：解讀「跟上」計分卡】

你的分數	表示你是……
18至21分	**油盡燈枯**（"BURN OUT" mode）： 你需要有所改變，以便長期運作，因為你不能以這種步調繼續下去。 ▲（如果你不做任何改變，你可能要付出的）潛在代價：個人的問題，例如健康亮起紅燈、家庭壓力，以及成為公司潛在的「災難」。你會愈來愈無法和主要期望校準，這點會成為達成期望的障礙
14至17分	**無法招架**（"OVERWHELM" mode）： 你覺得你無法負擔自己的工作量。你也許可以讓所有的球都維持在空中，但是很容易在任何時候掉下一顆或更多顆。 ▲潛在代價：你會很容易前進到「油盡燈枯」的模式，或是離職為別人工作。你的工作量降低你校準的能力。
10至13分	**使其成真**（"MAKE IT HAPPEN" mode）： 你很忙，卻不至於忙到無法招架或油盡燈枯。你知道你可以應付你所有的工作，也有信心可以達成每一個人的期望。你有能力維持這樣的步調，而且可以保持校準，因此你很可能達成所有的主要期望。 ▲潛在代價：你知道你對組織或團隊的付出可以更多。你自己如果能夠更進一步投資，就更能夠幫助你的組織達成主要期望。
7至9分	**我還能做更多**（"I CAN DO MORE" mode）： 你正在進行你的工作，但你可以做得更多，以便協助你的組織達成更高績效。你投資了你的「手和腳」，卻不見得投入「心靈與頭腦」。你的投入程度加高時，如果你會覺得不自在，或是需要做出的改變高於你的意願，你和主要期望校準的能力也許會減低。 ▲潛在代價：你的組織或團隊受的傷害不大，因此你會比較不願意投資「心靈與頭腦」改善績效，做出超越期望的事。你也許會對自己眼前的工作失去興趣，而去追求另一個比較有挑戰與報酬的工作機會。

校準會議

　　要持續診斷你是否已經校準，就需要不斷對話。我們發現，有些團隊與組織會在現有的協調會議中安排校準會議（Alignment Meetings），尤其是當他們感受到缺乏校準將威脅到任務的完成時，這個做法對他們會有很大的幫助。這些簡短的會議定期舉行，與會者都是期望鏈中的相關人士，這些會議有助於讓你了解組織內的校準程度，確保所有連結的關係都維持在同一個方向。你在進行校準會議時，要確實將如下項目安排進議程中：

【祕技：三個技巧，將校準對話排進校準會議的議程】
1. 為某一個個人或團隊找出主要期望。
2. 在這些期望中應用校準對話。
3. 定期以「跟上」測驗確認現況。

　　想要讓校準會議運作良好，最好是使用雙向對話。我們對別人都有期望，他們對我們也會有期望，這並不是單行道。在我們的經驗裡，人們會期待這些會議，因為他們希望有機會談論自己的工作。這項會議必須定期舉行，因此人們會預期自己有機會討論一些可能被深埋的問題，以免他們無法真正校準，而無法達成你的期望。

　　有一件事要很小心！我們都會以為期望鏈中，與我們愈接近的人，校準程度會愈好。事實上，根本沒有所謂「近距離校準」（alignment by proximity）這回事。如果你想確保期望鏈上的人

都能完全校準，就必須考慮鏈上最脆弱的連結，在所有重要的時間點用心進行校準對話。

其實，期望鏈上最脆弱的點，可能是你每天一起共事的人，也可能是期望鏈下線接觸最少的人。要注意，任何人都可以進行校準會議。你可能和你的直屬團隊進行校準會議，你的製造部門可能和供應商對談，服務人員可能和顧客對話。只要記得，那些和你有直屬關係的人，以及期望鏈遠端的人都需要定期評估、強化校準。

當責實況檢查

在你接下來的三次定期一對一會議上，無論它們原來的目的是什麼，都試著把校準檢查加進會議裡。假設你是要跟你的執行助理討論他們的工作，以能讓你向上司進行每月會報。不要只是問他們「目前事情進行得如何？」而是要運用上述的校準會議議程。要注意最可能無法完成的期望，也要注意思考整個期望鏈，選擇最脆弱的環節做為你的重點。經過練習，這種實況檢查可以成為更深入的運作，它可以有效避免許多意外，讓事情如願成真。

校準風格

就跟當責流程的所有步驟一樣，你在進行當責對話時，當責風格也會扮演一個重要角色。具有控制與強迫風格的人比較容易

依賴「職位權力」，以威權要求別人對準自己的期望，這種人的作風也許明顯、也許隱晦。對他們來說，「職位權力」代表自然設定的行為，其設定就是為了節省時間，加速決策流程。面對需要校準的人，他們的不耐煩真的會產生後坐力，使得人們不願花費太多精神心力去完成工作。他們引導討論的方式，必須注重流程與時間軸（timeline）。這裡要注意的是，時間軸的設定很重要，需要那些尚未取得成果的人加入並且發表意見。

　　這種風格的另一項危險是，以威逼脅迫的方式使人順從要求，而成為「告訴我該做什麼」（tell-me-what-to-do）工作模式的被害人。

　　發生這種情形時，不能全心投入的人也許會安全經過「完全校準」的動作，不過，實際上他們不過僅止於順從而已。缺乏熱情，就不能保證他們全神貫注、盡心盡力達成期望；他們也許會前進，但是步履蹣跚。因此，你必須進行一場坦誠的討論，而不是設法解決所有的問題，以為如此就能夠避開這個共同的陷阱。

　　帶有等待與旁觀傾向的人，通常過於依賴「關係」的力量。他們不想進一步說服，而是假設忠誠與信任會自然而然發生，希望別人會為了這些理由而「自動自發」校準。

　　忠誠，確實是個強大的激勵因素，但是，過度依賴忠誠度會使得人們面臨出狀況時，感覺遭到背叛。讓人們知道你感謝他們的信任，但是不要假設他們會只為了這個理由而前進，這會有助於創造開放的對話，將使得結果大為不相同。

　　此外，等待與旁觀風格的人在校準對話中的「解決疑慮」階段時，也許比較不會去留心細節。他們不會深入挖掘各種議題去

處理細節，因此會做出錯誤的假設，以為某些問題已經解決了，
而事實上問題依舊存在。提供詳細的資訊，說服別人接受這個方
向的價值，這對於得到他們樂於當責、勇於當責、善於當責的心
靈與頭腦而言是無比重要的。

心靈與頭腦

　　這一整章我們都在討論「手與腳」及「心靈與頭腦」之間的
不同。當責流程的外環步驟，談的都是如何幫助人們成為這個期
望的主人，彷彿是他們自己的想法。**拉攏人心，你就掌握堅定成
事的最主要因素。約束頭腦，你就點燃最有創意的思維。**因為它
們會設計出各種解決方案，那是你或他們從來沒有想過的。

　　「心靈與頭腦」成事的力量也許看似顯而易見，但是，如果
他們在任務裡只用上自己的「手與腳」，你要付出的代價也許不
那麼明顯，卻是實實在在的。你可以輕易看見「心靈與頭腦」的
運作，卻不見得能夠想像少了它們會如何。外環的下一步——檢
視期望（Inspecting Expectations），將協助你判斷你是否已經
得到那樣的全心投入。

第四章小結：正面又合理的方法

在你進入第五章之前，請先暫停一下，想一想，我們在第四章介紹的主要概念。遵循這些步驟，執行這些法則，將可以幫助你創造良好的當責關係，透過期望鏈，取得更佳成果。

完全校準表示相應一致

儘管校準有許多不同的層次，不過如果想讓主要期望成真，無論如何，最後只剩兩種——順從與完全校準。

完全校準連鎖反應

順從，為任務帶來「手與腳」；完全校準，則是約束「心靈與頭腦」，也會影響到每一個期望鏈上的人。

搬動巨石

如同你在鳳凰城高爾夫球公開賽中看到的老虎‧伍茲，校準過程需要期望鏈中的每一個人都從巨石的同一面施力，朝同一個方向推動。

校準對話

使用校準對話取得完全校準的三個步驟：

1. 計分：也就是重述期望，同意使用校準對話，讓他們

為自己和主要期望的校準程度打分數（一到十分）；

2. 評估：也就是詢問：「是否清楚？是否需要這麼做？是否能夠達成？是否相關聯？」；

3. 解決：也就是解決各種疑慮。記得，要注重勸服力量，而非職位權力；確認原來的期望，或是使用「為何—何事—何時法則」修改它。

校準會議

在你現有的會議中，加上校準項目，你就可以定期找出你最優先的期望，進行校準對話，並定期使用「跟上」測驗。

第5章 | 檢視期望

檢視你預期見到的一切

此刻，你走上當責流程重要的最後一步——開始檢視期望，也就是檢視你預期見到的一切。想取得你要的成果，全看你是否好好走過這一步。如果你沒做好，表示你在形成、溝通與校準主要期望時所下的功夫都會付諸流水。

【案例：檢視期望，重回昔日榮光】

妥善執行檢視步驟，也許你就會真的看見人們超越了你的期望，這正是發生在派瑞·羅威（Perry Lowe）身上的事，他是軸心牙科器材公司（AXIS Dental Corporation）的總經理兼執行長。

派瑞的公司提供牙醫的儀器設施給其他經銷商，經銷商再將這些產品直接販售給牙醫診所。六年來，該公司都有33%的複合成長（compounded growth）。他們的成功讓大家都覺得安穩自在，尤其是業務部門，該部門的人都已經很習慣收到豐厚的業務佣金支票。

然後，幾乎是毫無預警地，軸心公司有一年的業務成長跌落

到趨近於零。對派瑞來說,這就好像他那向來表現優異的高速跑車在比賽中意外故障,需要緊急修復。那一年的年度業務會議短得很不尋常,氣氛也不大好。

軸心公司首次認清,該部門只有一個人是百分之百依計畫執行業務。這下子整個組織受到的震撼非同小可。然而,多虧有派瑞,他不僅不感到絕望,甚至抓住這個機會,將它當成進行重大改變的警訊,而且改變要快。

派瑞最先的分析結果,是將績效變差的原因歸咎於業務代表,認為他們不大注意產品的終端使用者——也就是牙醫診所——的銷售情形。然而,當他更進一步挖掘,發現還有更深入的原因。是的,業務代表不夠重視終端使用者的銷售結果,但是,那又是誰的錯呢?管理高層也沒將終端銷售的重要性,清楚傳達到期望鏈上的每一個人。換句話說,有太多人由於缺乏校準,因此都在狀況外。派瑞對我們坦承:「在某一個時刻,我就開始不再注意這點,也不曉得我的管理團隊真正需要些什麼才能達到終端銷售設定的目標,這時候,我們就開始兵敗如山倒。」

於是派瑞和前線部隊一起努力,將重心從經銷商的發票,轉移到終端使用者的訂單。他非常有技巧地形成他的期望,進行溝通,因此輕鬆讓大家都對準他的期望。然而,派瑞知道,要以他期望的速度儘快造成真正的改變,他就得密切注意這項行動的執行狀況。

他開始檢視之後,很高興發現業務小組確實身體力行,卻也不悅地發現公司的其他部門都還是只注意通路的前端。他更深入探討,找出重點錯誤的最主要原因,發現問題有一部分是出自軸

心公司用來更新進度的報告內容。

　　明確地說，每一個部門都必須等待三十天，才能收到報告，也才能得到他們需要的意見回饋，之後才能決定是否需要做出任何改變來達成計畫目標。三十天之後，當他們收到要命的數字，卻已經來不及讓任何部門做出反應，影響結果。派瑞知道他需要讓整個公司按時進行檢視，他的人馬才能夠針對資料做出反應，更進一步採取必要的步驟，達成他們期望的業務成長。

　　軸心牙科公司進行創意思考，要求他們的經銷商每星期交給他們報告，簡述銷售通路直達終端使用者的所有數字，他們才能夠看見牙科診所真正下訂單的情形。剛開始這項要求並不為經銷商所接受，因為他們通常只提供這項資訊給「大中之大」（biggest of the big）的公司，這個地位是軸心公司有抱負卻尚未達到的。然而，軸心公司在幾次緊迫盯人的協商之後，說服經銷商同意他們的要求。

　　不久之後，所有的部門每星期都會收到正確的資訊。現在他們知道經銷商的訂單數量，當他們發現訂單數字滑落到預期以下，就有足夠的準備，做出快速的反應。他們持續不斷地檢討這些新的報告，於是打開對話的大門，電子郵件的溝通也呈現成長。每一個人都開始尋找成功，而當他們遍尋不著，就會開始詢問自己還能多做什麼以取得成功。

　　有趣的是，在這新的報告上場之前，人們都還叫不出他們的終端客戶的名字。現在，有了這些資訊，他們開始採取行動，協助提升通路上的需求。

　　派瑞檢視自己的期望之後，推動軸心公司的野戰部隊前進，

使他們重新贏回昔日的光榮，不久之後，超過一半的業務代表達成了計畫的百分之百。軸心公司讓自己回到軌道上，抓住公司所需的市占成長。也許更重要的是，派瑞已經不再是唯一檢視自己的期望是否達成的人；現在，他在公司裡有無數的眼睛，幫他看著整個通路的業績。

我們有許多很有說服力的故事，可以用來呈現不斷檢視期望的重要性，以及這個動作對成果的影響，軸心公司的故事不過是其中之一。

人們時常根據不切實際的幻想描述成果：「只因為我說會發生，它就會發生。」或「只因為我跟人們說我的需要，他們就會做到。」

事實上，我們可以打賭，你的經驗會證明事與願違。其實，我們都心知肚明，邁向目標前進的沿途，不斷冒出許多不同的壓力與問題——包括人們的動機彼此衝突，或是面臨需求的改變，以及嚴重的路障，這一切都像趕進度、湊熱鬧一般同時發生，將人們準時交差的努力導向岔路——尤其是處理困難的工作時。

在這許多壓力之下，人們很容易偏離正軌，而無法完成我們對他們的期望。因此必須刻意下功夫，將期望鏈上上下下的每一個人維持在軌道上。檢視期望的步驟有助於保證你會維持這個專注力。

以正面又合理的方式檢視期望，是一項經過深思熟慮且預先計畫的行動，具有如下目的：**評估主要期望目前的進展如何，確保持續校準，提供所需支援，強化進程，促進學習，這一切全是**

為了達成期望中的成果。

在檢視步驟中，人們會開始清楚看見當責的運作。當你開始檢視期望達成的情形，人們開始確認你是認真地要求他們當責。同時，你展現個人當責──為了取得成果，全心全意、不計代價。就和大多數事務一樣，讓人們有足夠的心理準備，確信他們知道你對他們的期望，會使得整個狀況變得更有生產力。

讓人們準備好接受檢視

你的經驗應該會告訴你，如果你沒有事先讓人有心理準備就發動突擊檢查，他們很可能會對你的檢視動作會有不好的感覺。想一想，你會很期望測驗和考試嗎？當你知道某人會檢查你的工作進度，你會不會覺得有點緊張？人們有這種感受也是理所當然。

請你想一想自己向別人確認工作進度時的行為，也進一步了解別人為什麼**不想讓你檢視**工作進度的原因。

【祕技：人們不想讓你檢視工作進度的六個原因】

1. 他們認為你的追蹤檢視，代表你不相信他們能把工作做好。

2. 他們想要被「賦權」，不想被「猜疑」，他們在你的監控之下行事，反而會使他們的腳步變慢。

3. 他們不想讓你失望，怕你發現他們達不到你的標準。

4. 他們想要完全居功，不想讓你逼他們跟你分享**他們的獎**

勵，因為，他們認為那是盡了**他們的**職責之後，才掙得的成果。

5. 因為不需要你費時關注，他們可以自豪地向組織更進一步證實個人信用與存在價值。

6. 他們認為你的檢視，對他們完成工作的能力毫無任何加分作用。

如果你不能事先認清這些自然產生的疑慮，將它們處理好，人們如果抗拒你的檢視動作，就不要感到意外。然而，如果你能夠取得彼此的理解與認同，明白檢視工作將如何進行，你通常會發現，檢視過程不僅可以幫助你建立良好的當責關係，還有助於人們交出你想要的成果。

我們建議，當你檢視他人時，用上外環的四個步驟——形成期望、溝通期望、校準期望與檢視期望。你如果能遵循這些步驟，就會發現人們的接受度會比較高，有時甚至會熱切地參與這個過程。

形成一個你將如何檢視的期望，使用「為何—何事—何時法則」進行溝通，並且確實校準，讓每一個人都能夠投入檢視的過程。此外，你應該要偶爾檢視這檢視過程本身。也許過去你沒用過一個完全刻意而有意識的檢視過程，但是，如果你現在就開始做，不久就會開始欣賞這個預先投入的心力，它會幫你省下許多事後糾正的時間。

有效的檢視過程必須擴大到整個期望鏈，而不只是和你最接近的人。要求組織內的每一個人去檢視期望鏈的下線，經過他們

的直屬客戶到終端使用者，幫助每一個人了解他們需要做什麼才能達成期望——正如軸心公司的派瑞。

當然，在期望鏈的不同點上，你的檢視方法也會有所不同。許多時候，你只需要確保每一個人都以妥善的方式在檢視別人。同樣地，對你而言，檢視是當責的表現，目的是確保你正在盡己所能幫助人們成功達成你的期望。我們看看檢視目的裡每一個要素，能讓你可以用正面又合理的方式檢視別人。

評估現況

評估進程是檢視的首要目標，正如你的醫生會安排定期的健康檢查，保證你的健康，確信一切都照常運作，也沒有潛在的問題。這時你要保證一切都在軌道上，沒什麼意外在轉角伺機而動。定期檢查、評估現況，可以幫你避免那些往往延後取得成果的意外。

比方說，我們曾經擔任一位組織領導者的顧問，有一回我們旁觀他在全國各地召集了一百五十名分公司的經理，以網路進行會議。會議上，他談到應該要使用某一個特定程序，讓每一個人將它安排到他們在美國各地進行的安全會議上。這個重要的程序雖然不難，卻也需要每一個人刻意將它加進現有的安全模型裡。

當這位領導者走進會場時，看起來信心十足，也很興奮，因為分公司的經理都很一致地遵守這個模型。然而，隨著對話的進展，分公司經理分享現有計畫裡的一些事件，我們開始覺得，也許他們在分公司裡，並沒有完全執行這項程序。

這時候，我們鼓勵領導者使用網路會議的意見回饋功能，花

幾分鐘時間，請分公司經理在自己的名字旁邊，打上綠色或紅色記號（假如他們成功將現有的模型安排進他們例行的分公司安全會議中，就打綠色記號，否則就打紅色）。組織領導者要求每一個人進入會議之後，竟然立即看見螢幕上閃動著太多的紅色記號，因此顯然有一半以上的分公司經理人並未執行新的程序。

這個結果讓我們都覺得很意外，尤其是組織領導者。我們再次痛苦地看見，當你根本不曾花費時間仔細沿途檢視，往往就會在路上的某個地方發生讓你驚呼「怎麼搞的！怎麼會變成這樣？」的事情。

要測驗你的檢視動作效益如何，只需要要看看你在職涯中，那些令你跌破眼鏡的意外多常發生。以下的自我評量可以幫助你了解你在日常的工作中感到驚訝的程度有多嚴重。

【自我評量 5：了解我的驚訝程度】

以「總是」、「時常」、「有時」或「很少」，回答如下敘述：

	總是	時常	有時	很少
大家竟然沒有做到理所當然應該達成的進度，知道這件事情讓我很驚訝。				
我發現自己想不通：「怎麼搞的！事情怎麼會變成這樣？」				
人們遭遇了一些挫折而無法達成我的期望。我覺得自己好像是最後一個知道這件事情的人。				
我很擔心人們會誤解我的期望，以及我需要他們做的事。				
我發現人們不會主動報告他們的進度。				

　　將你的分數做成表格，「總是」得四分，「時常」三分，「有時」兩分，「很少」一分。用驚訝量表（Surprise Meter）了解你的總分如何代表你的檢視效益。

以驚訝量表了解自己檢視期望的效率

你的得分	你的驚訝程度	我們的忠告是……
18至20分	昏迷	破表！簡直是一場災難。你迫切需要檢視你的期望以消除工作中的驚訝元素。
15至17分	茫然	你不知道問題出在哪裡。很叮能你認為是和你共事的人有問題，而不是你和他們的合作方式，因此你時常感到驚訝。
13至14分	不相信	你希望看到不同的結果，雖然你知道，如果大家（包括你自己）還是一直犯下同樣的錯誤，你的希望也許會落空。
9至12分	困惑	驚訝的情形已經夠頻繁，讓你懷疑大家到底還可不可能變得更有效率一些。
5至8分	毫無知覺	也許你的期望太低，人們很難讓你感到驚訝，或者你根本就不清楚到底怎麼回事。無論如何，學習如何改善檢視工作，對你會有好處。

　　顯然這些分類反映出來的只是概況，但你可以據此約略知道，你目前的檢視方法，是否能夠有效減少讓你感到驚訝的意外時刻。你可以完全消除驚訝的狀況嗎？當然不能。沒有人能完全控制業務上可能造成影響的每一個變數。但是你可以採取我們在本章談到的檢視步驟，盡力消除顯而易見的變數。

確保持續校準

我們在第四章討論到，想要維持校準，最好是藉由一系列持續的檢查，而不是單獨一次的對話。我們建議你透過我們所謂的校準會議進行。檢視流程讓你有機會檢查校準的情況，確保每一個人都翻到同一頁，你就可以及時糾正任何失準的狀況，以免情況失控。

幾年前，我們在新墨西哥州的費爾蒙童軍營（Philmon Scout Ranch），看著一個老練的童軍領導者在一次高水準的訓練會議上，給他的同仁上了寶貴的一課。這場重要的訓練營為期一周，第一堂課，這位資深講師站起來說了幾句我們永遠難忘的話。他說：「**別忘了，最重要的是，讓重要的事情維持它的重要性。**」

剛開始，我們都因為這句樸拙的智慧而笑了，但是它既準確又好用，多年來一直令人印象深刻。

檢視可以幫助你應用這句忠告，使期望鏈上的每一個人都能「讓重要的事情維持它的重要性。」

【案例：千鈞一髮的阿波羅十三號】

《阿波羅十三號》（*Apollo 13*）的情節人人耳熟能詳，我們都很欣賞這個解救組員的故事，因為它顯示了讓每一個人集中焦點，對準你希望一件事情成真的重要性。

大家還記得，當年氧氣筒在太空艙裡爆炸的事件嗎？爆炸使得太空船失去電力之後，由於登月小艇具備較大容量的電池，便成了太空人們的救生艇。「救生艇」的設計是供兩個人維持兩

天，但是，現在必須讓三個人維持四天。

　　指揮官金·克蘭茲（Gene Kranz）這個團隊的意見分為兩派，一是在軌道中途返回地球；或者，嘗試一個大膽的動作——加速繞行月球，因而形成有如彈弓一般的效應，產生足夠的動能回到地球。

　　克蘭茲指揮官選擇「加速繞行月球」的彈弓效應方式，這是個不符傳統且未經證實的解決方案。大家不禁懷疑，彈弓效應真能產生足夠的動能，將登月小艇送到正確的軌道上嗎？沒有人有把握。但是，有一件事是肯定的，如果在期望鏈上下的人都能夠對準這個新的期望，成功的機會就會大得多。

　　因此，每一個人都開始工作，找來美國太空總署（以下簡稱NASA）的資源，以及外部供應商。拯救太空人的賽跑已經開始，制定關鍵決策的時間很寶貴，比方說，關閉指揮艙的電力，然後再啟動電源，以及讓登月小艇的電力導入指揮艙裡，這是一種棘手的操作方式，而且，以前從未試過。

　　克蘭茲為了校準整個團隊，召集每一個人到一個房間裡，討論這許多人認為無解的難題。

　　他還記得，他需要說服大家，說他們「都夠聰明、夠犀利、夠敏捷，而且，以一個團隊來說，每個人都優秀到足以挑戰這不可能的任務。」

　　他站在大家面前，跟他們說：「我們這組人要回家。你必須相信這點！你們的人馬必須相信這點！我們必須讓它成真！」

　　說完，大家開始腦力激盪，想出可以辦到的方法。有了這樣的校準，讓「重要的事情維持它的重要性」，他們發揮了驚人的

創意。

　　然而，正當人人忙於解決問題的同時，另一個同樣嚴重而危險的問題冒了出來。二氧化碳的濃度在登月小艇的救生艇開始快速升高。

　　在這威脅生命的環境中工作兩天之後，有一個小組想到一個絕妙的點子。他們用上太空船裡所有可用的零件，包括大量的膠帶、一個塑膠袋、一隻襪子、一本飛行手冊的封面，還有若干不大可能有用，卻硬是派上用場的零件，將它們湊成了一個臨時的設備，讓指揮艙的濾淨器可以和登月小艇的生命維持系統交互作用，因此成功降低二氧化碳濃度。

　　加州和紐約的數百名工程師花了將近三天的時間，完成了一個可以運作的啟動流程。另一個小組設法減少降落的時間。另一個小組謹慎控制太空船上消耗物資的使用（例如飲水）。太空船上電力的使用從七十五安培減少到不可思議的十二安培。

　　最後的結局，我們都知道——難以置信地，阿波羅十三號安全回家了。

　　它之所以能夠成真，是因為在這一整段傳奇故事當中，克蘭茲和他的團隊讓「重要的事情維持它的重要性」。克蘭茲完美且頑強地校準期望鏈上的每一個人，讓每一個相關人等必須為了同一個目標前進。

　　為使人們維持同一程度的校準，他們需要看見「達成期望」對他們個人有何利益。幫助他們看見「完成期望」背後，「一定得如此」的「為何」。並且，看見這個「為何」和他們自己本身

的處境有何關聯——這就是維持完全校準的關鍵。

　　有一位我們非常敬重的領導者，她在那一行是一位非常成功的執行長，她跟我們說，為了維持校準，她在一項大型計畫開始之前，通常會和人們積極對談，強調萬一沒達成期望，可能會發生什麼事。

　　她會問：「如果沒有達成期望，可能會如何影響業務、團隊，以及組織內同仁未來的機會？」透過這項對話，能夠直截了當點出完成工作、使工作圓滿成功的重要性。

　　或許有人認為這位執行長的提問不妥，有點像預言失敗，不免顯得有點悲觀；或者，這個問題暗指她並不相信人們完成任務的能力；但是，以這個案例來說，這位領導者的做法是正確的，她幫助部屬將任務的結果和個人的貢獻全部連結起來——這項連結，能幫助人們維持校準、高度當責。

　　究竟誰該負責檢視的工作呢？是設定期望的人？還是負責完成期望的人？也許看起來很明顯，設定期望者應該要檢視負責完成期望者的進程；但是，如果這麼想的話，別人似乎就沒有責任要主動報告目前的狀況了。

　　有效檢視，不僅能夠進行檢查、主動報告，並且創造共同當責與擁有感；它還能夠確保良好的檢視經驗。如果你是個在別人背後的「追逐者」（chaser），你就是浪費寶貴的時間與精力，其實，不論是「追逐者」或「被追逐者」，兩者都會感覺不好。

　　想一想，你會不會花很多時間東追西趕要人們向你報告目前的進度？試著進行以下的自我評量：

我是個追逐者嗎？

【自我評量6：我是個追逐者嗎？】

以下敘述，請你以直覺回答「時常」或「很少」，不要想太多：

_____ 1. 我發現，我會主動要求別人向我報告工作進度。

_____ 2. 我要求別人時，他們無法備齊我所需要的資訊。

_____ 3. 我會花時間追蹤，了解事情的進展。

_____ 4. 別人並不是很善於讓我了解他們目前的狀況。

_____ 5. 我發現我需要某些資訊時，會提出很多問題以取得這些資訊。

如果上述的問題，你回答「時常」的題數超過三題（包括三題在內），表示你也許做了太多「追逐」的動作，你不妨試著在檢視的動作上，建立較好的共同當責，這樣一來，可以達成平衡。

如果你的部屬能擔負較多責任，也讓你了解目前的進展，他們在檢視的過程中，會有比較完全的參與感。那對他們來說，會變成比較好的經驗，最後，他們也會比較主動地讓檢視工作順利進行。當然，最佳檢視包含「共同當責」的感覺，讓每一個人都很清楚最新的進展。

提供所需支援

每一個好的檢視工作，都會達成兩個不可分割的目標——確

保事情正在朝著達成期望的正確方向進行，以及幫助人們成功達
成期望。

　　所謂檢視，並不是「測驗」人們是否正在按照你的要求行
事，而且將會準時交差；檢視，應該是以「檢查」的方式彼此討
論進展、問題與解決方案——測驗與檢查兩者有如天壤之別。

【表5-1：比一比！測驗與檢查】

測驗	檢查
你問很多問題，讓人們覺得自己好像正在被警察問案偵訊一樣。	你創造一種雙向的談話，感覺起來比較像是對談。
你問完問題之後，人們覺得好像等待宣判一樣難熬。	結束之後，人們會覺得分數未定，但是因為有互動，分數應該會比較高。
你讓人們覺得他們的分數，尤其是不好的分數會被公布出來。	你讓人們覺得似乎問題與錯誤屬於隱私範圍，有時間能克服。
測驗者比較像是主考官，要確定人們沒有「把事情做錯」，卻一點也幫不上忙。	檢查者比較像是老師，提供人們必要的支援，保證人們「把事情做對」以確保成果。

　　可以預見的是，相較於測驗，進行檢查會需要花費比較多的
時間與心力。然而，就和設法讓人當責時，任何創造正面又合理
的方法一樣，我們保證這多出來的時間與心力會給你豐厚的報
酬。人們會覺得有靠山，他們會把事情做好，他們會盡心熱情地
做，他們會解決沿路冒出來的問題，而且他們會用他們達到的成
果讓你感到欣慰。

　　提供支援的時候，你的重點在於尋找解決方案，這是積極的

好方法，可以把目前為止得到的優點與成功更進一步發揮。尋找
解決方案意指提供教練、訓練與資源，讓任務往前推展，使人們
獲得成功。你的人馬終究必須負責想出方法，使它成功，但是你
在過程中提供協助的能力，往往就會造成成功與失敗之間的不
同。

【案例：為自己當責，也為他人當責】

提供支援的工作並不是單獨落在你的肩膀上。讓別人也參與
支援，會讓力量更強大。

想一想，芝加哥公牛隊（Chicago Bulls）的籃球選手喬金·
諾亞（Joakim Noah）的故事，他是個新手，卻充滿潛力。他在
一次練習當中，和隊上的一位助理教練發生嚴重衝突，結果被判
違紀而禁賽一場。

然而，他的隊友卻去找教練，表示他們一致決議，以喬金的
行為，應判處他再加一場禁賽。

隊友們指出喬金其他令他們感到不安的事件——開會總是遲
到，而且，他還沒到達芝加哥公牛隊的水準。

他們的意見讓喬金覺得受到干擾嗎？是的，但絕非負面的干
擾。喬金跟一位記者說：「他們（隊友）只是告訴我，我的行為
讓他們不能接受，我必須從這裡出發。我必須接受才行……我也
不能做什麼……他們覺得我應該接受更多懲罰。全隊都是這種感
覺，所以，我支持我的球隊和他們做的決定，也很感謝他們表現
出來的領導風範。」

以喬金的案例來說，整個球隊檢視過他們的期望之後，讓喬

金當責，將喬金的能力提升到每一個隊友都必須到達的水準。

　　在最堅強的文化裡，不論職位或影響力，每一個人都必須為自己、也為他人當責。然而，當期望鏈牽涉到許多人，而你卻沒有時間去追蹤每一個人進度時，唯有培養一個幫助你檢視的文化，才能讓組織邁向成功。像這樣的檢視，團隊整體的力量讓人當責，就可以迅速、正面又合理地塑造當責行為，也強化組織達成期望的能力。

強化進程

　　檢視（inspect）在字典上的定義是：「仔細看視（某事物或某人），通常是為了評估其狀況，或是發現任何缺陷。例如：**他們在檢視我的油漆工作，尋找縫隙或缺陷。**」

　　依我們看來，那個定義太過強調發現缺陷，帶著這種目標的檢視往往使人不舒服，甚至害怕被檢視的經驗。在油漆工作中，總是很容易看到裂隙和缺陷，不是嗎？與其檢視缺陷，何不將過程導向強化進程？後者幾乎是必然會帶來較佳成果。

　　許多職場上的人都會用古老的「例外管理」（management by exception）（編按：由泰勒（Frederick W. Taylor）提出，亦稱為「異常管理」，是指高層主管將例行工作的處理方式進行標準化，並且授權部屬處理，但保留自己監督部屬的權力。好處是高層主管能集中精力研究和解決重大問題，以及無法標準化與規範化的例外工作，能讓部屬有權處理工作、提高工作效能。），因為忽略順利進行的一切工作，只專注於「出了什麼錯」，會讓這種做法顯得較為容易，效

率也較高。但是，這個方法並不會創造一個良好的環境，使你能夠用正面又合理的方法讓人當責。只注意缺乏進展的結果，將造成不好的經驗，最後危害到組織文化、士氣與能力。

這些話值得再說一次——**檢視的重點，應該是要讓人們為他們「做對」的事情當責，而不是「做錯」的部分**。當你創造出積極正面而充滿支持力量的經驗，強調解決方案、強化進程，人們就會開始預期會有檢視的動作，甚至會期待它的到來，而不是感到害怕。這個強調解決方案的做法會促發一種良好的前景，讓每一個人「向前看」，而不是「回頭看」。

過去二十年來，我們和全世界最令人敬佩的一些公司合作時，幾乎毫無例外地，我們會聽到許多領導者、主管和團隊成員在哀號著每次季報會議的到來。每一季都必定舉行的這項會議，讓管理階層可以有機會在公開場合檢視進程。

這些會議的重點，通常在於嗅出弱點與潛在的危險，因此人們對它們往往畏懼三分；尤其，當他們事先知道情況有點不對勁時。這些感覺甚至會使人們降低會議的效率，因為他們會刻意粉飾過錯、責怪他人、誤報情況，或是根本不曾描述真相。每當這種情形發生，這類行為會持續到會議結束許久之後，以致影響到整個組織，而終致成為組織文化的一部分。

好的主管會張大眼睛看見弱點、威脅或潛在的危險，最好的主管也會做到這些，不過是以觀察與強化進度為背景。聰明的主管知道，每次他們讓人當責，他們基本上是讓整個組織或團隊當責。

「檢視」的過程給人的感覺如何，大家都會口耳相傳。人們

基於自己聽到的故事，會開始形成信念。要確保他們形成並溝通正確的信念，你需要以正面而強化的方式去檢視。創造一種人們期待接受檢視的文化，讓他們真正當責而使期望成真，你就可以開啟業務的進展，以及相關的互動，因而加速不可或缺的溝通，以及決策的制定。

促進學習

正確的檢視方法還會輔助即時的學習，並將學習成果轉化為未來的績效表現。有些最重要的即時學習是在計畫中隨時進行，而不只是在完成之後。如果你強調每日的學習，你就會在組織內看見更多學習的情形。這就會需要經常檢視。如果等到最後階段才進行檢視，往往就會限制即時的學習，以及伴隨而來的長期利益。

你必須隨時鼓勵即時學習的進行，因為它往往可以轉化為改善個人績效，並強化整個期望鏈的能力。

關於這個現象，NASA提供了一個驚人的案例。

【案例：火星軌道衛星消失之謎】

耗費鉅資的火星軌道衛星（Mars Orbiter）是探索火星的重要科學工具，它成功降落在紅色的火星之後工作了十年，直到有一天，突然從NASA的監控螢幕上消失為止。

當訊號完全終止時，NASA官員驚訝不已。調查結果出爐，NASA發現是電池故障，毀了火星軌道衛星。電池的故障原因，

是有一部電腦命令衛星進入「緊急模式」（contingency mode），而使得電池直接暴露在陽光中。電池過熱的結果，不久就停止運作。第二道電腦指令使得天線不再指向地球，以致於通訊完全消失。

結果是，當NASA透過深空聯絡網（Deep Space Network）將指令傳到那枚衛星上，寫指令的人將指令發送到錯誤的記憶位址。上載的動作顯然錯了，因為前一次更新時，有一位程式設計師曾經試圖修改錯誤。NASA的結論是，定期檢討或即時檢視程式設計師的工作，也許就能完全避免這種問題發生。

試著依靠老師、教練或引導者，讓自己能從經驗中（不論是自己或別人）幫助別人萃取新知與理解。如果你將檢視當成是促進學習的機會，就會以尋求解決方案的方式，自動面對問題與挑戰。這麼做有助於讓你幫助別人找到最好的練習，使他們能夠記得，也能在未來使用。

仔細看視現狀，以正面積極的方式萃取學習的經驗，你就會找到方法幫助別人前進、完成你的期望。

看視模型

有效檢視指的是以正面又合理的方式，仔細看視眼前發生的事。我們開發了一個能夠達成這個目的的方法。我們稱之為「看視模型」（LOOK Model）。

【當責管理模型11：看視（LOOK）模型】

傾聽	（Listen）	提出正確的問題，傾聽心靈與頭腦的聲音。
觀察	（Observe）	距離夠近，才能觀察眼前的狀況。
具體化	（Objectify）	做出實質的計畫，把你的追蹤動作更為具體化。
了解	（Know）	積極投入，了解現狀。

　　好記的縮寫LOOK，以實務方法幫助你設計最有效的檢視。

傾聽

　　首先，提出正確的問題，**傾聽**心靈與頭腦的聲音。這可以幫助你判斷人們是否為了達成主要期望而完全投入。人們在回答你的問題時，所說的話可以反映他們的校準情形，或是透露他們需要再做點別的什麼，才能強化他們的投入程度。你的提問方式會影響到他們的回答，我們的一位客戶頗吃了一些苦頭才學到這點。

　　吉姆（化名）是一家建設公司的副總，他在生產力與效率上，交出了空前的絕佳成果。吉姆聰明過人，通常是改善績效的

「幕後首腦」。我們剛遇見他時，他很自豪地跟我們說，他以「復仇」的方式讓人當責。

我們剛開始和他的團隊合作時，可以看見他的部屬確實會很負責任地向他報告他們做了什麼以及沒做什麼。不幸的是，他的詢問都比較像是在「偵訊」，而不是客氣的「詢問」。因此，他的部屬都會覺得自己在同事面前顯得很愚蠢。

他的部屬跟我們說，吉姆在早會中提出冗長的詢問，好像為了用來彰顯自己很聰明而別人很笨。有時，他說出來的笑話一點也不好笑，聽起像在譏諷別人，有時讓人完全下不了臺。

在別人的簡報中，吉姆經常會像這樣開始質詢：「你跟我們解釋一下，你到底為什麼會認為那個做法真的行得通啊？」

有些團隊成員覺得，會議裡上演這種戲碼還滿好笑的，但是，沒多久就發現自己不知不覺就上了斷頭臺。不久之後，大家開始害怕開這種會，而且在吉姆背後稱他「黑武士」（Darth Vader）（譯註：電影《星際大戰》中的大魔頭）。這個綽號始終陪伴著他，因為每一次開會都會算一次帳。如果你是那個表現不夠完美的人，他就會「一直問，問到你斷氣為止」，他的一位團隊成員這麼開玩笑地說。

我們和吉姆懇談之後，以教練的身分從旁協助他，於是，他開始用不同的方式發問。他拿掉貶低別人的嘲諷語氣，改為專注於幫助團隊解決問題。他在會議上特有的防衛風格漸漸消失，以較為開放坦誠的對話取代。他學會提出「正確的」問題，逐漸改變自我風格。

正確的問題是……

【祕技：六個方法，提出正確的問題】

1. 提問時注重議題，而非個人（絕對不做人身攻擊，語氣也不帶嘲諷）。

2. 提問是為了幫助人們成功，而非揭露他們的失敗。

3. 提問是提出坦誠的問題，為了幫助人們面對「真正的」議題。

4. 有助於創造良好的氛圍，使人們覺得受到尊重，也顯得自己夠專業、成功與任務導向。

5. 避免強調自我中心，否則只會吸引人們去關注提問者，而非手邊的議題。

6. 不會以任何方式貶低或責罵別人（所有關於個人表現的問題都在私下處理）。

　　吉姆放棄「黑武士」的提問方法，開始提出正確的問題，因此扭轉人們對他在會議中提問時的觀感。他們真的開始期待會議將為他們帶來的資訊，期望聽到可以幫助他們解決問題的方法，並且朝著明確的目標前進。

　　人們開始喜歡吉姆的陪伴，視他為一個積極正向的同事，而不是一個恐嚇別人、以損人為樂的調查員。吉姆和他的團隊繼續在他們那一行表現得出類拔萃，並且在他的事業生涯裡，和他們建立了長期的關係。

　　你以正確的方式（尊重別人、有耐心，而且強調解決方案）

提出正確的問題時，人們會變得比較願意做出反應，也比較樂於幫忙。然而，要記得不能光是聽他們跟你說的話，還要注意他們沒說的部分。

【案例：閉嘴！打開你的耳朵】

金潔·葛拉罕（Ginger Graham）是蓋登公司（Guidant Corporation）的資深經理，也是艾蜜林製藥廠（Amylin Pharmaceuticals，按：2012年由必治妥施貴寶〔Bristol-Myers Squibb〕併購）的執行長，她是個非常成功卓越的企業領導者。她極力倡導查驗人們的投入程度，而且她會尋找機會，以正確的方式，向正確的人提出正確的問題：「你今天試著完成什麼事？你想我們正在進行的事真的很重要嗎？如果你需要某一件事，那是什麼？」接著，在她問完之後，就像每一個經理人接下來該做的事——傾聽。

金潔注重主動接觸組織內每一個階層的人。有一回，我們和她的團隊一同舉行一項培養領導能力的練習，其中每一個領導團隊的成員都必須選擇一位「教練」，而且必須是在資深團隊之外，可以提供不同觀點的人。金潔竟然選了一個出貨碼頭上的工人。

結果，工人變成了一個很棒的教練。金潔和這位工人的對話幫助她測量整個組織的溫度，了解目前的狀況。她在碼頭的教練甚至會針對某些她關切的問題，出去體察民情，然後回來和她討論他的所見所聞。金潔非常專心且冷靜地傾聽，不讓自己覺得被冒犯而需要急於辯解，那麼，她才能夠真正了解整個組織裡的人都在想些什麼。

觀察

　　談到觀察，我們就必須夠接近，才能觀察眼前的狀況。要好好檢視，你就必須四處行走，和期望鏈上的人多談談。

　　有兩位企業執行長，大家都知道他們最擅長觀察組織內工作的執行，其中之一是零售業者沃爾瑪（Walmart）的創辦人山姆‧華頓（Sam Walton），另一位是好市多（Costco）的創辦人詹姆士‧辛尼格（James Sinegal）。

　　山姆深信，身為主管，你必須夠貼近組織，才能夠了解確實的情況，因此他每年都會到數百家店面去實地訪察。詹姆士也信守這個哲學，每年至少一次刻意造訪每家分店。

　　許多領導者都得依靠部屬向他們報告需要知道的事，但是，前述艾蜜林的金潔‧葛拉罕卻堅信，那些成績單，比不上一些比較有預測能力的工具。

　　她說：「那些工具可以比較清楚告知團隊真正的健康狀況，也因此比較能夠幫助你正確預測他們是否能夠交出你期望的績效表現。當你走進一場會議，或是工作場所，單純地觀察，你總會知道一點這個團隊可能有的表現。」

　　金潔親自走到團隊活動中「閒逛」，細看團隊運作。在她的觀察中，她會問自己這四個問題：

　　1. 是否有些跡象顯示他們是一個團隊？比方說，大家微笑或大笑著。是否讓你看見他們是以「人類」的身分在這裡工作，而不是「機器人」？

　　2. 他們是否彼此取綽號？

3. 他們對彼此是否表現得很真實而不虛偽？

4. 我是否看見團隊有進步的證據？

金潔觀察人類關係的互動，藉此評估人們是否已經投入自己的心靈與頭腦在工作中，而且對準了目標有效運作。

有一回，一個團隊花費二至三個月的時間，才建立密切的關係，讓他們可以誠實讓彼此知道時間線。她可以確實看見他們到達了一個轉捩點，這顯示你可以透過觀察了解某些事物，那是用別的方法學習不到的。

同時，找些方法來檢視，而不用親自到場，這當然有些明顯的好處。加州的聖馬刁（San Mateo）警察局，想出一個充滿創意的方法做到這點。

由於警察局預算吃緊，為了加強巡邏效果，他們設計一個真人尺寸的警察人形立牌，取名為大衛・考伊警官（Officer David Coy，亦稱D-Coy警官），讓「他」坐在巡邏車的駕駛座上，然後把這些巡邏車有策略地停放在某些社區。當市民看見D-Coy警官坐在巡邏車前座時，自然調整行為舉止，因為他們察覺了檢視動作（這是有效的遙控檢視，至少在市民識破這項計策之前是如此）。

汽車製造商也發現，有一個方法可以用來遙控檢視駕駛的安全，也可以激勵人們遵守繫安全帶的法律。我們大多數人都有過這樣的經驗——當駕駛在發動車子之後的三十秒鐘之內，如果沒有繫上安全帶，就會有警示的聲音響起。如果你還不繫上安全帶，那個聲音就會讓你愈來愈覺得受不了——新車都有一個這樣

的裝置。有些聰明的工程師認為，這個裝置的時機正確，就會讓你想要儘快達成他們的期望。在某些情況下，遙控檢視可以創造奇蹟。

具體化

是的，具體化（objectify）是個真正的詞彙；它指的是以實質的計畫進行追蹤。這包括所有傳統的工具，用來幫助你看見每一個人迄今為止的工作成果——儀表板（dashboard）、管理報告、進度報告會議、電子郵件與月報等。無論你選擇什麼工具，都一定要明訂進程的主要指標，然後建立一個系統化的方法進行觀察。

然而，你必須很小心。將檢視具體化、創造制度化的報告，很可能會變得太過容易讓參與者預測，最後惡化成為「只是另一種練習」。

比方說，有一家大型的美國糖果公司設立一項政策，要求管理階層四處旅遊時，必須去明察暗訪當地的零售商店。結果當地相關人員早在兩、三個星期之前，就會知道管理階層即將到訪，等於給他們充分時間進行「循環取貨」（Milk Run）（編按：由物流公司根據客戶工廠的物料需求計畫，以最符合效益的集貨運輸方式到供應商處取貨，再集中送到客戶工廠，能提高車輛裝載率，使返回空車的數量和行駛距離大大減少，能有效降低供應商送貨成本，提高物料供應的彈性。改變由供應商自己將物料或產品運送到客戶工廠的模式。源於乳品公司每天清晨挨家挨戶在各個牧場向酪農戶收購牛奶的取貨方式，亦稱為牛奶取貨、迴圈取貨。），業務代表會將免費的產品提供

所有的商店上架取代舊貨，讓他們「展示」出來，創造一種該公司「擁有」這家商店的印象。經過如此這般的「操作」，就能確保零售商店通過該公司管理階層的檢查（比方說，該地區的全部二十家分店看起來都很完美，而且維持夠長的時間）。

　　管理階層都知道情況如此，也都預期會看到這些情形，但是，他們只想跟公司回報「一切看起來都很好」。顯然地，「預料中的檢視」可能會製造錯誤的訊息或誤導的資料。但是，「有效檢視」反映的卻是鐵錚錚的事實。

　　另一個最近的案例，由於肉品處理人員虐待牛隻（已經持續十二年）而造成全國最大的一次肉品回收事件，導致美國肉品製造工廠的檢驗員遭致批評。

　　《今日美國》的一項報導指出，這家被告的工廠長期遭致客訴。有趣的是，即使進行定期的每日檢驗，該廠依舊從未解決這項問題。結果是，美國人道協會（Humane Society of the United States）發現，這些工廠的檢驗時間都固定在每天的同一時間。也就是說，肉品加工廠可以正確預測檢驗員幾點幾分會準時出現，只要確保在那段時間裡，一切看起來都很完美就好了。

　　以這個案例來說，檢視工作是確實在進行，不但正式，也經過大家同意，但是，它變成「另一個練習」，而且，持續十二年的時間，卻一點也沒有任何實質的意義。

　　組織具體計畫追蹤時，要確信你的檢視可以達成目的，也不會退化成「單純的練習」。比方說，沒有人會真正使用的報告、沒有一點價值的例行檢查對話、可以操作的觀察結果，以及所有其他可以使檢視造成的傷害多於助益的活動。

　　做出一個具體的追蹤計畫，它可以在正確的時間注意正確的變數，這個計畫終將證實有益，也能幫助你在檢視你預期看見的事物時，比較有效地看視。很可能你會偶爾需要改變你的檢視方式，多多重複檢視，才不會到頭來只能依靠一個單一來源，了解事情的真相。

　　如此一來，即使有一種檢視制度變成了「練習」，其他的檢視制度也可以供應你所需的正確資訊。

了解

　　要了解現狀，你就必須積極投入。這個步驟的目標是要讓你處於「知曉」的地位，要做到這點，你就必須時常採取前面三個步驟（傾聽、觀察、具體化）。檢視的進行頻率，必須視一些變數而定，包括達成期望的複雜度與困難度、你指望達成期望者的能力，以及環境中某些事物無法掌控的本質。

　　間歇性的檢視應該可以幫助你預測一項任務的結果。如果看起來不錯，那很好。但如果看起來情況不妙，間歇使用LOOK模型，會讓你可以做出必要的改正動作，以確保圓滿成功。

　　究竟，要多麼頻繁才足夠呢？

　　根據疾病防治中心（Centers for Disease Control and Prevention）的專家建議，減重者最好每天量體重。研究者發現，每天量體重一次的人，兩年內平均減重12磅（約5.4公斤）。每星期量體重一次的減重者，兩年內平均減輕6磅（約2.7公斤）。最重要的是，每天量體重的人，比較不容易復胖。

　　《預防》（*Prevention*）雜誌報導這個現象時，引用匹茲堡大

學（University of Pittsburgh）的體重管理總監約翰‧傑奇希克（John Jakicic）博士的話：「你愈常監控自己的成果，就會愈快抓到造成體重上升的行為失誤。」不同的人有不同的失誤方式，因此，你必須和負責交出成果給你的人進行協商，訂定檢視的頻率。

要尋找正確的平衡，就需要坦誠的對話，但是，以正確的頻率進行LOOK模型的前三個步驟（提出正確的問題，傾聽心靈與頭腦的聲音；貼近距離，觀察眼前的狀況；做出實質的計畫，將你的追蹤動作具體化）則能夠幫助你了解情況，那是LOOK模型的最後一步。

猜測、希望與假設都是「了解」的敵人，這三種敵人可能破壞所有相關者的付出的心力，而且使得所需的支援無法在正確的時刻交給正確的人。當這種情形發生，你付出的代價就是無法達成期望，而且失去期望鏈上所有人士的信任。只要你妥善執行當責流程外環的這個關鍵步驟，就可以免於付出這個代價。

信任，但是要證實

檢視你期望見到的事物，難道就代表缺乏信任嗎？那只是另一種令人厭惡的微形管理（micromanagement）嗎？絕非如此。

做得好！檢視就可以建立信任，堅定彼此的用心，而且，那是為了幫助彼此成功，而不是在對方失敗的時候逮到他們。

盧凱南（Lou Cannon）在他的《雷根總統：一生的角色》（*President Reagan: The Role of a Lifetime*，書名暫譯）一書

中，回憶前美國總統雷根（Ronald W. Reagan）與前蘇聯總統
戈巴契夫（Mikhail Gorbachev）之間的對話：

在簽署中程限武條約（INF Treaty）時，雷根和戈巴契夫展
現他們對彼此的熟悉，那是他們在維也納會議及雷克雅維克
（Reykjavik）會議之後的副產品。

雷根回憶道：「我們汲取一個古老的俄國諺語的智慧，」一
面複誦一句他已經說過無數次的話：「那句諺語是，『信任，但
是要證實（Doverey, no proverey.）。』」

戈巴契夫幽默地說：「你每一次會議都說這句話。」

雷根說：「我喜歡這句話。」

我們也喜歡這句話。

對我們來說，「信任，但是要證實」表示你不只依靠別人，
還會進行檢查，確保我們打算做到的事情一定成功。

想一想，「信任別人」與「測試成果」之間的差別。它們反
映的是兩種不同的動機。後者暗示著老大哥的眼神（gaze of Big
Brother）〔譯註：意指監視，語出喬治‧歐威爾（George Orwell）的
小說《1984》中的名句：「老大哥正在看著你」（Big Brother is
watching you.）〕。前者傳達的是想要幫助人們成功達成期望。

一日終了，你通常會得到你的檢視結果。如果做得好，成功
的可能性就會提高，而且可以為期望鏈建立士氣與能力，使他們
能夠在未來交出成果。

當責實況檢查

你可以很容易找到機會，將這些法則應用在實務上。想像位於你的期望鏈上線的某一個人，此人目前要你當責的最主要二或三個期望。使用LOOK模型分析你將如何改變你對這些期望的檢視方式。

切記，有效檢視的目的在於評估主要期望達成的情況如何？並且確保持續校準、提供所需支援，並且強化進程、促進學習，這一切都是為了達成預期的成果。要記得，為人們準備一個不同的檢視方法。在你採取外環的這個重要步驟之後，要追蹤你檢視成效提升了多少。

檢視風格

一如往常，LOOK模型的應用依不同的當責風格而有所變化。思考一下，你自己的風格可能如何影響你的檢視。控制與強迫型的人可能會過度檢視，例如提出太多問題，太常檢查，或是人們還沒有時間準備，就搶先要求他們交出報告。

喜歡這種風格的人會採取完全理性的方法，無法了解為什麼人們不能主動報告，或是為什麼要花那麼長的時間才能回報現況。由於這種風格的人喜歡速度與成果，他們總是有種急迫感，有時會超過現況的許可。

如果你是這種風格的人，我們建議你仔細考慮，你什麼時候會真正需要知道現況，並清楚溝通這個期望，然後有耐性地等著

人們在彼此同意的時間給你回報。

等待與旁觀風格的人可能會跳過 LOOK 模型中的某些步驟，過度相信人們會在正確的時刻做出正確的事。

同樣地，那些等待與旁觀傾向的人最好能夠採取正式的方法，比較頻繁而正式地檢查，提出較多問題，多花點時間觀察，多關心傳統的報告，以取得比較豐富的訊息。這種風格的人比傾向於使用較非正式的檢視方法，因此要做出真正的改變，就需要用上較多的組織架構。他們擅長令人們投入，卻不善於檢視成果。使用 LOOK 模型去組織他們的追蹤工作，會有助於使他們增強自己的力量，且能夠更有效檢視他們的期望。

管理未達成的期望

檢視期望是外環最後一個步驟，可以成就前面三個當責流程（形成、溝通與校準期望）的所作所為，也可以將它破壞殆盡。假如你沒做好檢視，很可能就會得不到你所期望的一切。學習如何有效做到這點，可以讓你消除意外，達成較多的期望，幫助你培養賦權能力，使得與你共事的人平時就能夠交出成果給你。只要他們能成功，你也成功了。

即使你把外環的每一個步驟都做得盡善盡美，有時候人們還是無法達成你的期望。你的不同反應，以及你使他們當責的不同方式，都可能造成壞的情況更壞，也可能造就最後的成功。接下來，我們將探索讓人當責的重要層面，走過當責流程的內環步驟——以正面又合理的方式，管理未達成的期望。

第五章小結：正面又合理的方法

　　第五章提供外環步驟中最重要的法則——檢視期望。以下是當你進行檢視時，應該要放在心上的主要觀念，才能以正面又合理的方法達成目標：

讓人們準備好接受檢視

　　運用外環的步驟去創造檢視的期望，即形成、溝通與校準你的檢視流程。

檢視目的陳述

　　「評估主要期望完成的現況如何，確保持續校準，提供所需支援，強化進程，促進學習，這一切全是為了達成期望中的成果。」

1. **評估現況**：定期檢查，評估達成期望的進展狀況（無論是好或不好）。
2. **確保持續校準**：為檢視工作創造共同當責，避免成為「追逐者」。讓「重要的事情維持它的重要性」，人們才能夠維持校準。
3. **提供所需支援**：避免去「測驗」人們，而是要以「檢查」的方式，用意在於協助找出解決方案，幫助人們獲取成功。

4. **強化進程**：不要只是討論缺點，而是要強調人們的進展。人們做對了的事，也一定要他們當責。

5. **促進學習**：培養實地學習，強化人們的能力，為未來的成功抓住最佳做法。

LOOK模型

以容易記憶的LOOK縮寫表示傾聽、觀察、具體化、了解，幫助你設計出檢視期望時，最實際且最有效的做法。

信任，但是要證實

運用檢視流程建立信任。

第6章 內環：管理未達成的期望

未達成期望的實況

如果你善用外環步驟設定期望，就可以將未達成的主要期望數字降到最低。然而，有時候即使費心形成、溝通、校準與檢視你的期望，都還是無法完全避免失望。

這時候，你就必須進入當責流程的內環——管理未達成的期望，執行它的策略，以處理任何來到眼前一連串的意外與失望。

【案例：當師父發現愛徒的真面目時】

我們有個客戶名為耐裘（化名），他是個非常有成就的執行長，他跟我們談起發生在他事業上的一次事件。當時，有個他非常信賴的人，竟然讓他跌破眼鏡。

耐裘針對費比恩（化名）的背景與推薦人，進行了一項仔細的考察，耐裘非常看好費比恩，考慮讓他擔任公司要職。

從書面上看起來，費比恩的條件很好——他曾經是海軍陸戰隊員，有過大型企業的管理經驗，而且，推薦人對他的表現稱讚不已。耐裘在調查此人的背景時，不斷聽說這個人選是「業界的

第一把交椅」。更重要的是，耐裘發現費比恩曾經和耐裘自己的直屬部下共事過。那個人確認了所有正面的推薦內容之後，耐裘很有信心地錄取費比恩。

費比恩擔任耐裘的直屬手下，和他的新長官周遊各地，耐裘抓住機會，針對費比恩個人的發展和未來的機會，提供許多建言和教練。費比恩以尊重的態度聆聽這位「師父」的諄諄教誨，而且，他將耐裘說的話都寫在筆記上。

不難想見，費比恩很快進入狀況，也開始產出卓越的成果。成功一路累積，到了費比恩接下重責大任之時——他被拔擢擔任直效行銷客服經理。

耐裘由於再次成功，對他這位門徒更加愛護。大家都知道費比恩的辦事能力，因此自然預期他能夠在這個獲得升遷的角色，立下一個新的績效表現標準。

費比恩的確立下一個新的績效表現標準，只不過，是一個出乎意料的標準。

一位費比恩的直屬部下突然離職，並且針對他的強勢領導風格提出訴怨，之後進行的一項徹底的調查顯示，整個部門都有類似的怨言。

耐裘檢討過整起事件之後，只能做出一個結論，那就是費比恩事實上是個一流的惡霸，目光短淺，管理風格充滿對立。他經常在公開場合責罵部屬，有時甚至咆哮怒罵——費比恩在他的上司面前從來沒有過這樣的行為。似乎每一個人都明白問題所在，讓耐裘大感意外。

當然，耐裘想知道怎麼會這樣。經過他的仔細研究，發現費

比恩有個好友在人力資源部門工作，由於這層關係，其他部門的人根本不敢向人資部申訴，很擔心一旦費比恩知道的話，自己的下場會有多麼慘。

更糟的是，打狗也要看主人──當人們了解耐裘顯然和費比恩走得很近時，他們相信更不能向耐裘抱怨費比恩的行徑。

這個充滿畏懼的靜默，讓整個組織吃足苦頭，因為一些有才華的人受夠了費比恩的霸凌，於是紛紛辭職另謀出路。

當耐裘對費比恩的行為了解愈多，就愈擔心組織內的人，會以為耐裘支持這種難纏又不尊重他人的管理風格。

對耐裘來說，這個說法距離事實太遠了。

儘管經過耐裘細心調教，費比恩終究未能達成執行長的期望。耐裘一直思考，他究竟應該怎麼做，才能不再如此這般地浪費大量的時間、精神與心力呢？現在的他，又該怎麼辦？

在我們走上當責流程內環的旅途時，耐裘心中的疑問，正是我們要回答的問題。

在接下來的四章裡，我們將探討人們無法滿足期望的四個主要原因，以及四個你可以執行的方案，以解決這些無法滿足期望的問題。當你了解了這些可能的解決方案，就會發現比較容易避免再度發生同樣的情形。

然而，首先，我們要討論一些基礎問題，正確了解這些問題，有效應用之後，能夠加速你在內環上的旅程。

像耐裘面臨的問題可以獲得解決，但是，有時「未達成的期望」可能導致慘劇，甚至嚴重到危及生命的程度。

【案例：一心多用的駕駛員】

美國鐵路史上最嚴重的一次交通事故，造成一百三十五人受傷，二十五人死亡。美國國家運輸安全委員會（National Transportation and Safety Board，以下簡稱NTSB）詳細調查之後指出，人為的疏失造成這次交通事故，一次「未達成的期望」釀成無可挽回的悲劇。

有一位少年認識火車駕駛，最後，他跟當地的電視新聞記者說，撞車的時刻，他正和駕駛互傳簡訊。

在一次的訪談中，這位少年將自己的手機拿到攝影機前面，上面顯示一則訊息的日期和時間，正好是在火車撞車之前，證實駕駛並沒有全神貫注——雖然有許多乘客的生命掌握他手上。

NTSB的調查發現，當天，這名駕駛在開火車的時段裡，一共發出五十七則手機簡訊，其中一則，是在撞車發生之前二十二秒。更進一步的調查顯示，過去這位駕駛，允許這名少年坐在火車的控制室裡，而且當天就會發一則簡訊給這名少年，並做好相關的安排。

發生悲劇的列車屬於都會捷運系統公司（Metrolink），該公司發言人說，竟然有駕駛員在開火車的時候，還能發簡訊，他們覺得「無法相信」。駕駛怎麼可能會無視他的火車的存在，不去遵守他的工作的第一守則，保護乘客的安全？怎麼搞的！事情怎麼會變成這樣？每當人們未能滿足期望，這是我們大多數人都會問的問題。

有時，就算人們費盡心力，還是會有無法達成期望的時候。

比方說，奧運選手沃倫（Rau'Shee Warren），他同時也是蠅量級的拳擊手世界冠軍，比賽只剩下三十五秒就要結束，他相信自己處於領先地位。他的夢想就要成真，他彷彿已經可以感覺到金牌掛在頸上。這時候他聽見有人在大喊：「移動！移動！」這幾個字在他的耳邊一再迴響。

訊息很清楚──既然他領先，只要避開任何進一步的打擊，就可以勝券在握。以領先的人來說，這項策略是有道理的，但事實上，沃倫以九比八落後他的對手，他的教練都在邊線上大聲喊著：「攻擊！」但是最後那幾秒鐘，沃倫都是跟隨著群眾裡的一個聲音，繞著南韓那位前任世界冠軍打轉，手放在腰際，避開任何的接觸。

沃倫曾經代表美國參加兩次奧運拳擊項目比賽，他接受四年的訓練，就為了勝利的這一刻，結果，他卻輸了；這是一場令人難以置信的挫敗。

有一位教練悲歎：「我不曉得，他為什麼突然停了下來。他說，他聽到有人跟他說要『移動』（避開對手）。他抬頭看著看台，但是，我不知道沃倫聽到觀眾在說什麼。」

歷經千辛萬苦的訓練，怎麼可能因為最後片刻的失神，就這麼抹殺了成功的機會？有人會質疑沃倫所投注的心力嗎？不會的，但是，這個令人無法置信的失敗，使得每一個人都感到疑惑：「怎麼搞的！事情怎麼會變成這樣？」

無論答案是什麼，沃倫的經驗顯示，**即使最有才華的表現者都可能無法達成期望，有時，甚至失常到讓人出乎意料。**

「不適合的人下車」，並非永遠都有道理

大多數的組織，都花費大量的時間與心力在人才管理上，這是正確的做法。為組織找到人才、留住人才、管理人才，這已經是「開竅」的領導者首要任務。領導者深知，人才可以形成最大的改變，重要程度超越技術與策略，甚至超越一切。

吉姆・柯林斯（Jim Collins）在他的《從A到A+》（*Good to Great*，中譯本由遠流出版）一書中，強調讓「對的人上車」很重要。

「正確的人會做正確的事，交出他們能夠做到的最佳成果，無論激勵政策是什麼……對的人不需要嚴格管理或激勵士氣；他們會用內心的驅動力去自我鞭策，交出最佳成果，參與創造偉大的事物。」

他建議，要做到這點：「先找到正確的人上車，讓不適合的人下車，讓正確的人坐正確的位置。」如此一來，組織中充滿了「有紀律的」人，他們需要較少的激勵與管理，卻終究能夠生產最佳成果。

這些結論有誰能辯駁？但是，根據柯林斯的說法，《財星》五百大（Fortune 500）的公司裡，只有十一家符合他的「偉大」標準。你也許會猜想：「啊？那剩下來的四百八十九家公司怎麼辦？」

這四百八十九家「良好」或「普通」的公司，雖然也有成就偉大的抱負，卻似乎缺乏足夠「對的人」在正確的位置上。

從學習型組織（learning organization）到人才型組織（talent organization）之間的轉型，真的實際可行而且正確嗎？

即使一家「偉大」的公司也許會招募許多才華洋溢的人，但是，即使是「對的人」，也還是會有無法達成期望的時候（如同前述的拳擊手沃倫一般）。

我們的經驗使我們確信，我們可以支持柯林斯的許多結論，但是我們也認為，**正因為沒有一個組織能夠隨時網羅所有它需要的人才，所以，必須設法培養他們現有的人力。**

依我們看來，**許多偉大的組織或雄心萬丈的組織都有個特色，就是他們能夠有技巧地管理未達成的期望。**對我們大多數的人來說，我們幾乎每天都必須做到這點，而我們的做法，往往左右成敗。

讓「不適合的人下車」聽起來容易，但是，我們都知道知易行難。顯然普遍的管理理論都強調應該要「處理掉」那些「無法達成期望的人」，這有其策略價值，甚至一定得如此。

這讓我們想到《新聞周刊》（Newsweek）一開始稱奇異公司（GE）前任執行長傑克・威爾許為「中子傑克」（Neutron Jack），說他是「把人移開，還照樣能讓建築屹立不搖的人」，這點讓他覺得很懊惱。

奇異公司在他的指揮之下，由於各種生產力不佳的原因，而開除近十萬名員工（哇！那輛車上有好多位子要換人）。

威爾許提倡「活力曲線」（Vitality Curve）的概念，那是一種績效評鑑的方法，身為主管者，必須定期找出績效最差的10%、中間的70%以及最優秀的20%員工。每年做一次，每一

次必定都有墊底的10%。

奇異公司規定每年這些績效最差的10%員工「通常都必須離開」，因此，這些人都被說服主動請辭。當然，主管必須培養自己的團隊，畢竟，每年重複這麼做，主管的處境會變得很艱難。在這個制度之下，即使當人們有所改善，有些團隊成員免不了還是會成為最後的10%，也就是「非走不可」。

想像一下，主管們評估出來可信賴的團隊成員，因此開始必須依靠他們，也能欣賞他們，心裡卻知道他們必須找出最績效最差的10%員工，對他們是何等的煎熬？

根據《新聞周刊》的說法，這項運作變得太過困難，以致「有一個事務處甚至走極端，找到一位在績效評鑑前兩個月就已經往生的人，將他的名字放在最後10%的名單之中。」

請人走路（請不適任員工自行請辭或開除）有時是唯一的解決方式，卻並非總是最容易或最好的方式。

我們將這個概念更進一步引申，讀到電信業者Sprint「開除」一千名「奧客級」用戶，因為這些人經常提出客訴，讓公司困擾不已。看見這則新聞時，我們不禁莞爾一笑。根據《華爾街日報》的報導，這些被視為「得理不饒人」的奧客級手機用戶，收到以下這封信：

我們的紀錄顯示，過去這一年來，我們時常接到您的電話，談到帳單或使用問題。

我們盡全力設法解決您提出的問題，但是，您在這段時間提出的詢問次數之多，使得我們確定敝公司的服務無法滿足您目前

的需求。

　　因此，經過審慎評估與仔細考慮之後，敝公司決定終止您的
服務契約……

　　於是，該公司給這位已經成為「前客戶」的奧客一個月的時
間，自己去找新的電信公司。

　　開除奧客？真是了不起！你的客戶無法滿足你的期望嗎？炒
他們魷魚吧！

　　同樣地，當表現不佳的員工，需要你費盡心力才能讓情況好
轉時，覺得沮喪難過又忙碌不堪的主管，很可能禁不住「讓不適
合的人下車」的誘惑，想要動手除去這些「心頭大患」，認為
「除之而後快」，以為從此迎向光明坦途，企業績效可能因此改
善，取得偉大的成就——但是，這個想法並非永遠都有道理。

　　是的，請人走路有時是必要手段，但是，要做得妥當又合
法，可能就讓人費神不已。其實，有時更有道理的做法，是投資
幾乎與「請人走路」相等的時間與心力，幫助人們求取成功，這
麼一來，他們也就沒有必要離開。

　　想一想，如果車上都是「對的人」，會有什麼情形？事實
上，就連績效最好的人，偶爾也會無法交差。

　　卡爾‧赫伯（Carl Hubbel）是美國職棒大聯盟名人榜上的
投手，他語重心長地談到這一行的職業運動中，人們對優異表現
的期望永無止境：「一個人只把事情做好是無法持久的，他必須
不斷交出成果才行。」

　　每一季都有比上一季更高的期望，所以，你不過和你的上一

場比賽一樣好而已。有時候,就連最優秀的人都有低潮的一天、一個月,甚至,一整個球季。

當期望無法獲得滿足,人們無法交差,要取得較佳成果,就端看你如何讓人當責。

在這種關鍵時刻,你會覺得遭人利用、被擺一道、大吃一驚,而且難過又失望。許多時候,這種沮喪的感覺可能會帶來長遠的後果,就像前述的蠅量級世界拳擊冠軍沃倫。但願你可以避開某種「火車撞車」事件,不讓「未達成的期望」帶來災難或悲劇。無論如何,如果你偶爾覺得事情出乎意料或真心換絕情,就安慰自己,其實你並不孤單。

現實窗口

當你有效處理期望未達成的問題之前,你需要幫助人們了解「真正的問題在哪裡?」,這並不是一件永遠都很容易做到的事。

在我們前一本著作《當責,從停止抱怨開始》一書中,我們展示當責的第一步是「正視現實」。當你凝聚足夠的勇氣,不論實際情形看起來多麼令人不舒服,或似乎顯得不公平,都要正視自己所處的困境。

談到讓人當責,管理未達成的期望,正確診斷問題所在,你才能設法處置,這就需要對現實有清楚的了解,它需要你**看見問題真正的模樣**。

但是,究竟什麼是「現實」?

多年來,我們看著商場人士在各式各樣的問題之中掙扎,最

後我們將它簡化成三類：幻想現實（Phantom Reality）、現實
（Reality）與理想現實（Desired Reality）。

　　你在設法正確理解未達成的期望背後的原因時，這些現實都
會扮演一個角色。這些現實會讓你對現況有不同的看法。每一個
現實都是隨時存在的，如果你想要看清事物真正的面貌，就必須
認清並了解每一種現實。未曾了解這些現實的話，任何人都無法
有效處理未達成的期望，以及應用內環的步驟。

【當責管理模型12：現實窗口】

幻想現實	現實	理想現實
對實際狀況的 不正確描述	正確描述 實際狀況	你希望成真的事

幻想現實

　　幻想現實是**對實際狀況的不正確描述**。當你是在幻想現實的
假設之下運作，你對「實際狀況」的看法可能會造成你做出錯誤
的決策，解決錯誤的問題，走上錯誤的方向。幻想現實時常導致
你浪費時間心力，而且幾乎總是形成阻礙，使人們無法交出成
果、達成目標。

【案例：罰球進球率太低的後果】

以孟菲斯大學老虎籃球隊（University of Memphis Tigers basketball team）為例，老虎籃球隊在二〇〇八年輸掉全美大學籃球賽（National Collegiate Athletic Association，以下簡稱 NCAA）的冠亞軍爭奪賽之後，美聯社（Associated Press）的頭條新聞寫道：「老虎隊可惜了，他們到頭來依舊無法擺脫原來的惡名──很好的球隊，只是罰球時屢投不進而已。」

對球迷或競爭對手來說，他們並不覺得意外，然而，老虎隊的教練約翰·卡力巴利（John Calipari）似乎毫不理會。整個球季裡，這支球隊都在罰球線上掙扎，結果罰球進球率才59%，這是所有球隊中最差的成績。

美聯社的文章說：「卡力巴利總是看輕這個問題，說老虎隊在實戰時，就會表現優異。有時候他會真的發怒，彷彿討論這問題的人根本就不懂籃球。星期日有人再問，卡力巴利大手一揮。『我們沒時間去想罰球進球率的問題。』」

不幸的是，對手球隊，也就是NCAA的冠軍堪薩斯大學襲擊隊（University of Kansas Jayhawks）卻想到了。他們在比賽的最後幾分鐘刻意犯規，因為，如襲擊隊的一個主力球員所說：「大家一直都在說他們球隊的罰球進球率有多低，那麼，我們就好好利用這個弱點。」

老虎隊的一個主力球員在比賽之後顯得難以置信：「我真的無法解釋為什麼（我們那麼多球沒罰進）……我是說，你在打籃球的時候，你實在很難形容這種事。就是說不出來，總之，我就是罰球沒進。」

　　教練在「我的球隊在實戰時，就會表現優異」的幻想現實之下運作，因此NCAA的冠軍從他的指間溜過。

　　當你看不見實際狀況，而只依靠幻想現實時，你真的無法解決真正存在的問題。

　　馬克・吐溫說得好：**「讓你惹上麻煩的不是你不知道的事，而是你以為確定但事實並非如此的事。」**

　　每一個人都偶爾會在幻想現實的假設下運作，就連醫生都不例外，而我們大多數人卻都假設，他們絕對是本著他們在科學研究與臨床試驗之後的結論行醫。要說明這點，可見於《英國醫學雜誌》（*British Medical Journal*）的報導──醫藥界有七大醫學迷思是廣為大眾所接受的：

- **迷思1**：燈光太暗會傷害你的視力。
  事實1：燈光太暗會使你瞇眼斜視，卻不會造成你視力不良。
- **迷思2**：你只會用到10%的大腦。
  事實2：科學家掃描大腦，還沒找到任何從未使用的區域。
- **迷思3**：你一天應該要喝八人杯的水。
  事實3：你每天確實至少需要定量的水分，但是，你吃下的食物其實補充大部分身體對水分的需求。
- **迷思4**：人死後指甲和頭髮還會生長。
  事實4：它們不會。只是軟組織在死後會萎縮，以致造成指甲和頭髮還會生長的印象。
- **迷思5**：毛髮刮過之後會長得更快、更黑、更粗。

事實5：刮毛髮根本就不會影響它們的生長。

- **迷思6**：吃火雞會讓你覺得頭暈。

　　事實6：其實科學根本就不能證實這種事，只不過吃了任何大餐（那是感恩節的規矩，而非例外）就可能會讓你想睡覺。

- **迷思7**：手機在醫院裡會造成更大的危險。

　　事實7：最近的研究顯示，它們不會干擾到醫學設施，而且適時使用它們，甚至還會幫助醫生少犯些錯。

　　小小的幻想現實每天都會偷偷地溜進我們的實際生活裡，造成各式各樣不大嚴重或造成危險的問題。然而，真正嚴重的幻想現實，可能會在商場上造成大災難。

【案例：委外購買、集中組裝的迷思】

　　讓我們思考波音公司的新機型七八七夢幻客機（787 Dreamliner）所遭遇的問題，七八七客機用的是碳合金加上鈦金屬材料造成，目標是要在長途飛行時，使用比過去的機型少20%的燃料，搭載二百至三百名乘客。

　　這項耗資一百億美元的新機型，波音公司是它的單一開發者，結果該產品面臨了上市時程必須拖延六個月或更長的時間，這項延遲可能嚴重傷害公司的利潤。

　　《華爾街日報》報導：「深入檢討這項計畫，顯示這一團混亂出自它面對投資人的一個主要賣點——全球委外購買（global outsourcing）。」

　　顯然，波音公司在世界各地採購了幾乎80％的關鍵零組件，其中大多來自亞洲和歐洲，希望它最後可以在西雅圖的工廠裡「突然」全部湊在一起。

　　「但是將這麼多的責任釋出在外，結果造成的困難多過預期，供應商的問題範圍從語言障礙到許多荒謬的錯誤，包商自己將工作更進一步外包時，這些問題紛紛出籠。有一家義大利公司奮鬥了好幾個月，才得到許可，讓他們在一座古老的橄欖園上建一座製造機身的工廠。

　　其實，波音公司高估供應商面對任務的能力，因為它自己的設計師與工程師幾乎都是直覺上就可以把這些任務做好，畢竟他們造飛機已經造了數十年。專案經理以為他們有能力監督供應商，後來才發現有許多雷達外的細節，公司都被蒙在鼓裡。」

　　波音公司的報告裡，談到供應商時表示：「我們會說：『他們知道怎麼經營自己的事業。』」

　　也許吧？不過顯然這個想法造成了幻想現實，一路蔓延到裝配線上。

　　同樣地，根據《華爾街日報》的說法：「當機械工人打開所有的紙箱和木箱，發現裡頭是成千上萬的支架、夾子、電線等等，那些零件早該裝配妥當才是。主管人員說，有些零件甚至沒有附帶說明文件，或是有些組裝說明是義大利文，需要先翻譯才知道怎麼組裝。」

　　以波音的案例來說，它假設可以依靠「日常運作」完成這項龐大任務，這就是個幻想現實，結果造成極端冗長而昂貴的延

宕。

　根據路透社的說法，由於「供應商的績效不佳，零件短缺」，航空公司必須再等兩年，才能等到他們預訂的九百架波音七八七客機。

　除此之外，委外採購的結果，導致很可能是美國自從一九四八年以來最長的罷工事件，造成了一天大約一億美元的損失。假如波音公司能夠早些認清這個可能摧毀公司的幻想現實，也許就會想出一個方法修正它的策略，使夢幻機型能夠及早上市。至少，他們會問問自己，還可以做什麼，才能讓重要的供應商及時交貨，同時也必然能夠預先做出決定，他們應該再加把勁才能維持基本的現金流量。

　幻想現實經常出現在你的生活與工作中，你卻很容易對它掉以輕心。

　大約十年前，我們有一位客戶得到美國國家品質獎（Malcolm Baldrige National Quality Award）。他們至今依然驕傲地談論這項成就，而且彷彿那就代表他們今日的現實——但是，那早已成為過去式。

　如果你問問裡頭的員工，這家公司現在還能不能得到這個獎，他們會說「不能」。然而，公司高層竟然還是沉浸在這個騙人的幻想現實中，這很可能讓他們的企業付出慘重代價。

　顯然這位客戶如果能退後一步，對他們眼前的現實仔細地看上一眼，對他們將有莫大助益——畢竟，過去已成往事，眼前才是當下。

　　每一個人都應該偶爾自問，他們自己、團隊或公司是否執著於不正確的觀點，而可能使他們自己惹上麻煩？

　　要幫助你做到這點，我們建議你定期檢討以下五個線索，它們可以讓你看到幻想現實，發現你此刻是否在幻想現實的影響之下。

【祕技：受到幻想現實影響的五個線索】

1. 人們會不斷明示或暗示，或是直接告訴你，說你「聽不懂」。
2. 你不斷瞥見一點跡象，顯示你沒看清楚現狀，而你卻總是有話要說。
3. 你對今日的描述，都是基於舊有資訊和認知。
4. 你發現自己會在心理上檢查人們似乎不同意你的看法，而且開始跟你表示他們真正的想法。
5. 你發現你找不到人來肯定你對「現況」的認知。

現實

　　現實不同於幻想現實，它可以正確描述真正的現況。科幻小說作家菲利普・狄克（Philip K. Dick）的作品拍成了非常賣座的電影，例如《銀翼殺手》（*Blade Runner*）和《魔鬼終結者》（*Total Recall*），他曾經說：**「所謂的現實，就是即使你不再相信它，它還是在那裡。」**

　　林肯（Abraham Lincoln）曾經說過類似的話，他問：「如果你稱呼狗尾巴為狗腿，那麼狗有幾條腿？」

　　他的回答很「林肯式」:「四隻。因為,即使你稱呼狗尾巴為狗腿,也不會使它變成狗腿。」沒錯,腿就是腿、尾巴就是尾巴——這就是現實。

　　現實就是現實,顯然認識事物的現實狀況可以大幅提升我們解決真實問題,得到真實成果的能力。如果波音公司認清全球委外購買的真正困難所在,以及它們對家鄉工廠工人的影響,他們就很有機會設計出那些夢幻機型所需的系統和工作流程,也因而能夠準時交差。

　　要破除「幻想現實」,走向「現實」,你得先取得正確的資訊。每一個人都曾經得到過可信的資訊,而影響到他們對**真正現**況的認知。但是,如果我們僅靠「好運」得到這類的訊息,我們就無法確信自己看見的,究竟是不是事物的實際樣貌。

　　因此,我們建議你進行一項實況檢查,問問自己一些簡單的問題,幫助你確定你真的是看見了現實,或是在幻想現實的影響之下。這些問題也許包括:

　　「我假裝不知道什麼?」

　　「我是否對一些顯而易見的事物故意視而不見?或刻意打折?」

　　「我是否做出錯誤的假設?可能它稍後回來傷害我們?」

　　合適的話,你可以用「我們」取代「我」,但是,無論如何,你都應該要仔細考慮你的答案。如果你發現某一個觀點,意味著你受到「幻想現實」的影響,卻無法肯定,你就應該更長時間地檢查你的假設。動手做一個表,列出「可能的幻想現實」,使用實況檢查去檢視各種跡象,讓你知道你應該要改變自己對現

況的看法。

　　為你的企業或獨特的現況量身打造合適的實況檢查，那會給你一系列非常有幫助的問題，讓你可以自問自答。或者進一步邀請你依靠的人，幫你開發這些問題。

　　一定要把所有期望鏈上合適的主要關係人都包括在內，這可以幫助你找出一系列人人都能夠互問的問題，內容就是你知道可能出現的各種議題。讓每一個鏈上的人都處於「警戒狀態」。請注意，現實已經不再真實，這攸關你的主要期望是否能夠達成。

　　時常進行實況檢查，你會比較能夠評估自己目前的假設是否正確，因此可以事先預防，讓問題不會發生。時時提出這些問題，就可以測試你的假設的有效性，而且如果大家一起進行，就可以幫助你重新校準你的活動，以免浪費寶貴的時間、精神與資源。

　　當你和其他的人在內環工作時，也許你會發現，在他們設法達成你的期望的階段，如果也能讓他們進行自我實況檢查，對他們是會有幫助的。

理想現實

　　現實窗口的第三個景觀是理想現實，它相當簡單。你的理想現實就是你希望成真的一切。當然，要了解你的理想現實，就得看你是否在外環有效設定了主要期望。任何期望未達成，就是你走向內環的時刻。再借用一句馬克·吐溫的話：**「當你不知道自己該去哪裡，這時候，任何一條路都會帶著你走到目的地。」**

　　一旦你知道了自己的目的地，即理想現實，你最好規畫一條

清楚的道路通往未來，當事情脫離了軌道，就得用上內環步驟。

在內環運作，管理「未達成的期望」時，看穿現實窗口是基本步驟。現實窗口可以加速你找出問題所在，將它修補完成，才能夠取得成果。

解決未達成的期望

我們想起多年前曾經上過的一門人類行為學的課程，當時，教授信心滿滿地說，人們之所以無法交差，可以歸因於兩個簡單的理由：他們「不願意」以及（或是）「沒能力」做到別人對他們的要求。

這項概念吸引了若干領導能力與人類績效管理行業的管理者，他們廣泛依賴這個理論，尤其是保羅‧賀賽（Paul Hersey）和肯‧布蘭查（Ken Blanchard）所開發的情境領導（Situational Leadership）理論。

這項概念談到一個雙重的問題和一個兩面的解決方案——管理未達成的期望，讓他人回到軌道上，你就必須提供較多的訓練，以及（或是）較強的激勵。

【表6-1：傳統的觀點：沒達成期望，是不能？還是不想？】

解決未達成期望的傳統觀點	
能力：能不能	意願：想不想

　　過去二十年來，我們愈來愈了解人類表現與無法交差的原因，我們看了許多個人、團隊與組織如何有效處理未達成的期望，進而逆轉情勢，而達成破紀錄的成果。

　　我們和客戶共事，幫助他們做到這些績效表現的轉變，於是，發現這個傳統的能力與意願（能不能或想不想），其實並不完整，甚至是有害的；因為，它可能減緩尋找解決方案的進程。

　　我們和成千上萬客戶在數百家公司的實驗室裡合作，其中包括規模在全世界名列前茅的公司，經驗使我們確信，要想完全了解人們為何無法交出成果，你至少需要多考慮兩項變數。它們分別是「當責」及「文化」。

　　過去二十年來，這兩項要素一直都是我們在顧問與訓練工作上的重點。將它們加進傳統的模型裡，我們對成功的障礙就有了比較完整的觀點——它可以讓我們更快診斷問題在哪裡？也能更迅速交出成果。

【表6-2：正面又合理的觀點：沒達成期望，是當責？還是文化？】

解決未達成期望的 正面又合理的觀點	
能力	意願
當責	文化

　　能力最高強、意願最堅定的人，還是有可能無法交出成果——我們看過太多這種情形，有些組織裡多的是人才，他們都急著想要獲得成就，也想要在一個舉足輕重的企業裡工作，但是，

這些人就是無法交出成果，原因不明。

他們都很有意願，也很有能力，但是，他們可能缺乏當責能力，或是在一個可能傷害他們或許具有成功機會的文化中工作（比方說，「我們在這裡的做事方式就是如此這般」）。加上當責與文化這兩種因素，就讓你可以用正確的方法解決「正確的問題」，因此能比較有效應用你的領導能力、加速改變以改善績效。

【案例：有做、做完、做好，卻沒做對！】

我們在山上一間自購的小木屋裡工作時，出現了一個有趣的例子。

我們很期待包商裝修完工的房間，牆板是以松木板接合，就和小木屋裡的其他房間一樣。看起來很簡單，但是，當我們進門去驗收時，發現材料雖然沒用錯，工人卻讓松木板的粗糙面朝外。

我們發現完工時，牆板粗糙的一面向外，不僅使得木屑暴露在外，一不小心刮到就會受傷，而且，它和其他房間的牆面質感也不相同。

我們問木工師傅為什麼把粗糙的一面向外？他說，他做的大多數工程都是如此。但是，他沒想到應該要讓這面牆和屋子裡面其他牆面一致。

總包商聽到這個問題時，似乎頗感驚訝，不懂為什麼木工師傅竟然會犯這種錯誤。木工師傅真的很專業（能力），他花了好幾天才完成工作（意願），而且他的工藝讓所有的接合點都很緊

密，表面的花樣也很好看，但是，卻完全做錯了！

更進一步檢視，會發現總包商的追蹤不足（當責因素），木工師傅擅自決定，並沒有向任何人報告——因為，他找不到總包商的工頭（文化因素）。

為什麼木工師傅可以自作主張？讓松木板粗糙的一面向外？

顯然地，總包商委託承包商執行工作，承包商就應該知道如何應付木工師傅難以聯繫總包商的問題，他們假設，如果聯繫不到總包商，承包商與師傅應該要自己決定怎麼做最好。

當他們視為理所當然，例行地將那一點智慧傳授給新來的人，他們就傳遞這項工作計畫的工作文化，以及可能產生的明顯的錯誤，比方說，牆板粗糙的一面向外。

說到這裡，當責與文化因素說明了為什麼無法達成期望。代價？木工必須多花三天的時間，用砂紙將牆板磨平，讓木屋的風格一致，外加我們這邊要多浪費的時間與困擾，因為必須處理意料之外的後續作業。

從承包商的立場來說，了解問題所在，就可以帶來較佳當責過程，以及工作文化的改變，如此才能得到我們想要的成果。

【當責管理模型 3：內環：四項解決方案】

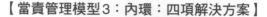

內環

激勵動機　提供訓練

改變文化　創造當責

四個解決方案

　　將當責與文化加進方程式裡，就提供一個較完整的模型，用來管理未達成的期望。如此一來，你就得到一個正面又合理的模型，它找出某人未能交差的四項可能變數。

　　四項變數也讓那些讓人當責的人有了清楚的方向。這四項變數形成了內環的解決方案（Inner Ring Solutions），它們都是當責對話的基礎。面對無法達成期望的人，當責對話讓你能夠有效處理他們的問題，無論他們是不是你的直屬部下。

當責對話

　　「未達成的期望」也許是因為你未曾經過徹底研究而失敗，或是因為某人犯了難以置信的錯誤而使你震驚，或是即使大家都已經盡力了，還是毀了你成功的機會，無論如何，「未達成的期

望」就是人生不可避免的一部分。

內環與位居內環中心的當責對話提供一項有效的方法，使你能夠管理未達成的期望，創造能夠交出成果的當責。

【當責管理模型2：內環：管理未達成的期望】

當你面對未達成的期望，你可以選擇三種行動方式：

1. 降低期望，以適應無法交差的人；
2. 撤換人手；
3. 讓他們和你進行當責對話，幫助他們生產出整個期望鏈的成果。

沒有人會樂意降低期望，但是它隨時都在發生，而且當你不知道還能如何改善績效表現時，它通常都會自動發生。至少以短期來說，因為某些資源的限制，降低期望也許看起來會是個正確的決定。但是當你眼界降低，長期來說，通常還是會造成每一個

人的損失——這就是為什麼要尋求較佳行動的原因。

難道，不能降低期望，就表示要撤換人手嗎？這是個艱難的選擇，因為這麼做必須付出沉重的成本，並不只是找到新人的流動率成本（一般估計，找到新人必須付出的成本，是被撤換者薪資的三倍）。而且，還要加上必須讓新人趕上進度的時間損失成本。雖然，以實際情況來說，有時這是你唯一可做的事。

第三項選擇牽涉到當責對話，它的目為了改善期望鏈上的人們的績效表現。它包含三個簡單的步驟：

【表6-3：三步驟，輕鬆進行當責對話】

1. 第一步：確定問題不是出在外環。

2. 第二步：選擇一項內環的解決方案。

3. 第三步：使用外環執行計畫。

第一步：確定問題不是出在外環

要做到這點，你得先檢視自己的當責方式，判斷你原先設定期望時的情況如何。你需要判斷你是否有效遵循外環的四個步驟：形成、溝通、校準及檢視。和其他人一同檢討，以肯定你自己的認知，確信你已經正確執行了外環的每一個步驟，這可以讓你比較有信心，知道自己看見的是現實的狀況。

也許你會更加了解，你還能多做一些改善你在使用外環步驟

時的技巧，這種情形並不罕見。和他們一同再次走過外環的步
驟，只是走得更有效一些，也許就可以簡單解決問題。以承包商
和木工師傅的案例來說，就是未能有效執行外環的每一個步驟。

第二步：選擇一項內環的解決方案

先找出問題是在內環的什麼地方，你要仔細觀察當事人或團
隊，以診斷問題的確切本質。你需要評估問題是出自文化本身，
或缺乏訓練、動機或當責。然後，選出合適的解決方案並加以執
行：提供訓練，激勵動機，創造當責，或是改變文化。

本書其餘的章節內容，就是要學習如何判斷問題的真正本
質，以及該如何處理。在整修木屋的案例中，問題是出在工作場
所的文化，以及包商欠缺當責執行力，未曾追蹤而導致期望落
空。針對問題就可以開啟一條有效的坦途，讓你能夠執行解決方
案，讓事情回歸正軌。

第三步：使用外環執行計畫

最後，你運用外環的每一個步驟，以最有效的方式建立你改
良後的期望。以當責流程貫徹執行你的計畫，就可以幫助你取得
成功，就連你完全放棄希望的狀況也不例外。知道如何進行對
話，便能夠使你更完整而有效地處理未達成的期望，將失敗轉化
為全新的成果。長期來說，它就可以幫助你節省時間與金錢。

你在進行當責對話時，要避免這些「對話殺手」（conversa-
tion killers）。

扼殺對話的六個殺手

【祕技：扼殺對話的六個殺手】

1. 立刻責備對方沒有交出你期望的成果。
2. 提出來的問題只是為了擴大他們所犯的錯誤，而使他們開始自我防衛。
3. 你的語氣洩露你的挫折感，以及你目前不願意前進以解決問題。
4. 你不願意承認，你當初並未有效設定期望。
5. 你威脅他們，可以輕易撤換他們。
6. 以口頭或非口頭的方式和他們溝通，說你已經不相信他們有能力交出成果。

進行對話的方式，是你有心解決問題，並且願意真誠給他們支援，幫助他們獲得成功，這會使得人們精神百倍，讓他們能夠前進，鼓勵他們做出必要的改變，以交出成果。

當責實況檢查

重新造訪現實窗口，針對目前某人無法達成主要期望的情況，讓現實窗口幫助你分析出了什麼錯。思考你是否應該能夠早些認出幻想現實。想一想，你究竟學到什麼？不妨和其他相關人等分享你的洞見，請他們表示看法。進行這項事後的檢討可以幫助你將現實看得比較清楚，也比較能夠解決問題。

內環運作的風格

你的風格無疑將影響你在內環中的運作，就跟當責流程裡的其他步驟一樣。傾向於控制與強迫風格的人，也許會表現出他們的沮喪感，讓別人確實「了解」，完全清楚他們對於後者的成績感到很失望。他們非得讓自己相信，其他人都已經完全了解由於交差失敗，而造成別人多少的不便與困擾，否則他們永遠都不會心滿意足。

如果「彼此」無法向對方交差，而且對於製造出來的問題和後果缺乏了解，具有這種風格的人是不願意繼續前進的。如果是這樣，我們建議他們要把自己的情緒擱在一邊，忘記自己需要別人來「感受他們的痛苦」，而是將注意力集中在另一個更美好的地方。

另一方面，具有等待與旁觀風格的人，往往不大樂意直接處理未達成的期望。他們重視和諧到寧可規避衝突的地步。他們傾向於什麼都願意做，只要能夠減少讓人當責所引起的不適感。他們發現自己在對話中，很難表現出坦誠的態度，不願讓別人知道自己真正的想法。他們必須記得，對話中所需要的開放程度並不見得一定會破壞和諧。事實上，它還可能讓彼此更和諧。

此外，讓別人聽見他們確實需要聽到的話，而且即時讓他們聽見，就可以不用等到最後再來重複這些對話，到時候這些對話會更難進行。我們建議帶有這種風格的人，必須在事情演變得更離譜之前，就採取較為直言不諱的方法，主動安排當責對話。

內環

以內環步驟管理未達成的期望,以及有效運用外環取得成果,兩者的重要性是不分軒輊的。每一個人都隨時在處理未達成的期望。以正面又合理的方式進行當責對話,會讓你更有能力處理艱難的狀況,將失敗逆轉為成功。有效運作內環代表加速評估的過程,了解出了什麼問題,管理那四項導致期望無法達成的變數,這就是接下來本書的重點。

第六章小結：正面又合理的方法

在我們轉進內環之前，先花一點時間複習管理未達成期望的基本原則與概念。將它們放在心上，接下來的章節所提供的解決方案才能讓你完全獲益。

內環

當責流程模型的第二部分，將幫助你診斷並解決未達成期望的問題。

反應未達成的期望

要有效應用內環的解決方案，在面對未達成的期望時，就必須管理你的挫折感。避免五項你絕對不想犯的錯誤。

現實窗口

三種不同的現實觀點：幻想現實（對實際狀況的不正確描述）、現實（正確描述實際狀況），以及理想現實（你希望成真的事）。

解決未達成的期望

未達成的期望通常可以追溯到四項變數，它們會帶來內環的四項解決方案：提供訓練、激勵動機、創造當責以及（或是）改變文化。

當責對話

在內環中，解決未達成期望的關鍵是對話的三個步驟：

1. 確信問題不是出在外環；

2. 選擇一項內環的解決方案；

3. 使用外環執行計畫。

第7章 | 激動動機

如果動機是解決方案

我們在前一章談到，當責對話的第一步，就是確定期望之所以未能達成，不是因為未能有效執行外環的所有方法。走完這個步驟之後，就可以將你的注意力轉向內環，尋找正確的解決方案——動機、訓練、當責或文化。有時候會很難只挑出一個導致失望的變數，但是在某些情況下，也許可以迅速發現缺乏動機是最主要原因。

【案例：有誰注意到那位躺在醫院地板上的太太？】

我們舉艾迪絲·洛得利嘉斯（Edith Rodriguez）的例子來說，她是馬丁路德港口醫院（Martin Luther King Jr. Harbor Hospital）洛杉磯院區的病人。多年來，該醫院始終無法符合聯邦的標準，結果導致喪失了聯邦兩億美元的補助，並且終致關閉了醫院。洛得利嘉斯死前曾經數度進出這家醫院的急診室，在她出院之前，總是會收到止痛藥的處方。

然後，她最後一次上這家醫院時，醫院發生了嚴重的失誤。

當時，警察發現她躺在醫院大門口的一張椅子上，於是護送她進了急診室。後來有個監視器顯示，曾經有一位護士和兩位護士助理，外加三個工人都顯然可以看見艾迪絲躺在地上；她在死前忍受了四十五分鐘的疼痛。監視器甚至顯示有位清潔人員在臨死的婦人身邊擦地板，婦人行跡可疑地躺在那裡。顯然有許多看見她的人（而且甚至在她早先來看醫生時，也見過她），都假設她是故意演戲、裝得很痛苦的樣子，以便取得更多的止痛藥處方，才能解除她的毒癮。艾迪絲的丈夫和另一個等在大廳裡的人甚至打了九一一（臺灣的一一九）求救，請他們到醫院解救艾迪絲。

那一天，艾迪絲死於腸穿孔，大多數專家都相信這是可以治療的病症。

醫院員工怎麼可能讓這麼可怕的事情發生？他們缺乏動機，不想去幫助一個受苦的人嗎？他們接受過足夠的訓練處理這樣的狀況嗎？或是，這個悲劇是來自個人當責太低或醫院組織文化的缺陷？

這些都是很好的問題。

你也許會說，這四種因素都可能有所貢獻，而使得這個未達成的期望害死了人，你也可能是正確的。然而，我們都學會了經驗法則：如果你懷疑組織的問題，是出自員工缺乏動機，那就是你應該處理的第一個問題。

當我們談到欠缺動機是未達成期望的驅動力量，我們的意思並不是指人們太懶，造成無法把工作做好。假設你的期望鏈中的

人其實都很勤勞，他們可以努力工作，也確實如此。那麼，他們為什麼無法達成你的期望？

　　字典定義「動機」（motivation）這個字的意思是：「驅使一個人表現或行事的原因」。那就是我們所謂的動機——讓人們有不得不然的理由，努力將手邊的工作做好。當這個理由符合他們自己的目標，就會有動機去做你需要他們做的事。

　　詹姆斯・潘尼（James Cash Penny）是潘尼百貨公司（JCPenny，曾經是《財星》雜誌提名「最受尊崇」的百貨業者）的創辦人，他曾說：

　　「給我一個有目標的存貨管理員，我就會給你一個創造歷史的人。給我一個沒有目標的人，我就會給你一個存貨管理員。」

　　當人們看見必須去做什麼事的理由，他們就會更加努力工作，去取得想要的成果。

　　在今日複雜的工作環境裡，必須花更大的功夫才能抓得住人們的心靈與頭腦，但是這樣的心力，總是能夠讓你歡笑收割。

【案例：說清楚「為何而做？」而不是「做，就對了！」】

　　我們有一位客戶，根據《美國新聞與世界報導》（*U.S. News and World Report*）的「全美最佳醫院」名單中，他的醫院排在前十之內，有一回他努力奮鬥，想要成就一個看似簡單的目標——急診室病人剛到院時，要取得他們最近親戚的完整資料。

　　「為什麼我們在所有診次當中，只取得42%的資訊？」急診室的醫生不解。

負責這件工作的主管麗茲（化名）告訴我們，她因為缺乏進展而感到非常沮喪，以致它完全占據了她的心思，她發現自己隨時都在跟她的手下談這件事。

麗茲為每一個人安排了好幾個月的特定訓練，讓他們了解何時及如何取得正確的資訊，結果就連這樣，數字還是只提升到了47%，這使得她十分震驚。她檢視了她的期望，卻似乎無法解決問題。難道說，她需要跟著人們走來走去，盯著人們做到她要求的事嗎？她總以為他們應該要這麼做，因為那是他們工作的一部分。

有一回，我們在醫院進行的工作坊中，麗茲終於明白，如果她想要在蒐集「急診病患最近親者的資訊」這件事情上，看見真正的進展，就需要讓她的部屬明白這個政策背後的「為何而做？」的原因。她希望，了解了「為何」就可以促使他們把工作做好。

麗茲改變戰術，集合整個團隊並且說服大家，讓他們明白蒐集急診病患最近親資訊的重要性，她和大家分享兩則最近發生的故事。

故事之一，是關於一位大學生衝進這個醫療組織的一家醫院，由於她無法回答醫護人員的問題，無法找到病因而死亡。醫護人員找到她的家人，和他們討論之後，才發現這位學生有服藥的習慣。如果醫院能在急診病患無法回答問題之前，就能取得最近親的資料，可以從她的家人口中了解這項訊息。這項資料很可能就能讓醫生採取必要的步驟救人一命。

第二則故事是，同一家醫院裡，有一名員工取得了進入同一

個急診室裡的一位老先生的最近親資訊，因此醫生得以和他的家人交談，而比較清楚他的狀況，在採取了必要措施之後，救他一命。

這些生死攸關的故事挑動了麗茲這個團隊的神經。他們始終知道，蒐集最近親的資料是一件重要的事，但是，這些最貼近的故事用另一種方式抓住了他們的關注。

麗茲讓這些故事和團隊成員們更為切身相關，她請她的團隊思考一下，如果亡者是他們的姊妹或父兄，他們的感受如何？

大家聽完這兩則故事，更深入了解「為何」必須蒐集最近親的資料之後，便承諾無論如何必須取得這個資訊。

短短兩個星期，麗茲的部門在蒐集最近親資料上的效率，從47%成長到了92%。更重要的是，他們不需要麗茲的微形管理（micromanagement），或是不斷地耳提面命，就能做到。

現在，她的團隊裡的人更切身了解期望背後的原因——他們有了動機。這個動機提供了解決方案，讓她的團隊全心投入，交出希望得到的成果。

只投入「手和腳」，卻沒用到「心與腦」

當人們缺乏足夠的動機，在工作上只投入「手和腳」，卻沒有運用「心靈與頭腦」，組織的士氣就會低落，期望就會落空，成果也無影無蹤。

【案例：「心靈與頭腦」也要帶來上班】

我們有個客戶科技專業（TechPro，化名）是一家產品開發公司，過去長久以來的績效都可以獲得相當的利潤。我們介入科技專業公司時，他們的客戶正希望有一種比較能夠互動的下一代產品，有些可以讓人較為方便使用的介面。這個新的平台會需要複雜的程式設計，生產製程的徹底革新，以及產品研發團隊的全力投入。

科技專業公司為了確保競爭地位，急需快速轉型到這個新的產品，而要做到這點，會需要投注一大筆資金，而公司預期這筆資金大多必須來自客戶的承諾，這就得靠業務部門去達成。然而，業務組織一方面懷疑研發部門的人能夠即時交出這個新的平台，一方面又開始不大願意將他們現有的產品銷售給新的客戶。他們知道，萬一奇蹟出現，新的產品真的迅速上市，買到舊產品的新客戶會覺得遭到背叛。這是個典型的第二十二條軍規問題（Catch-22）。〔譯註：語出美國作家約瑟夫·海勒（Joseph Heller）的代表作《第22條軍規》（Catch 22），這條軍規規定，只有精神不正常的人才可以不出任務，而且必須由本人親自提出申請，才能不出任務。但是，一旦申請由本人提出，就證明此人精神正常。因為，「能意識到自身將發生安全上的立即危險，這就說明這個人仍具有理智」。如今被引申為形容面臨兩難但又必須擇一而行的的局面。〕

而且，根據研發與業務部門長期以來互不信任的情況，這個問題並不容易解決。

組織中的每一個人，包括業務本身都知道，業務部門並未真正用心達成他們的數字，但是表面上看起來，一切都沒有問題。

業務人員動作全部照做，每天打電話，推銷科技專業的產品。然而，成果顯示他們不僅腳已經離開油門，甚至連手都同時拉住了手剎車。雖然，他們相信新產品的策略價值，他們的心靈和頭腦卻無法投入使其成真。

產品研發部門的人凡事祕而不宣，大多數新產品進展的資訊都是以街頭巷語的方式傳達業務團隊耳中。由於欠缺投資，以及只發揮手和腳的功夫，完全破壞新產品上市的時程。

管理高層發現了這個動機問題之後，設法讓業務部門的每一個人了解他們驅動新業務的角色有多麼重要，因為他們需要資金支援研發部門。公司也向業務部門承諾，任何想要升級使用新科技的客戶，公司都會予以協助，客戶才會覺得公司對他們是公平的——這就是業務組織想要聽見的話；不久之後，成果就有改善。

及早發現動機問題，可以幫助你避開可能發生的連鎖事件，因為這些事件會使人們無法交出你想要的成果。思考這些洩露祕密的跡象，它們可以暗示你自己的組織和整個期望鏈都缺乏心靈與頭腦的投入。

你不需要凡事要求每一個人在工作時都用「心靈與頭腦」，但是，當你需要人們貫徹執行，交出主要期望時，就會需要期望鏈上的每一個人都能夠積極投入與投資。不幸的是，許多組織中的員工動機，往往都無法到達交差所需的程度。

《哈佛商業評論》（*Harvard Business Review*）有一篇文章作者是約翰·佛萊明（John Fleming）、克特·考夫曼（Curt

【表7-1：動機洩祕法：「手和腳」與「心靈和頭腦」】

「手和腳」	「心靈和頭腦」
人們在工作時，比較注重戰術。	人們在工作上會同時注重戰術與戰略。
人們會確定完成手邊的工作，有時甚至顯得這麼做沒什麼道理。	人們會確定取得成果，投入更多心力，以滿足需求。
人們很容易落入「告訴我該做什麼」的模式裡。	人們不會只是等著指令做事，而是顯示主動進取。
人們在解決問題時，顯得比較沒有創意。	人們以創意解決問題時，會變得很有活力。
人們通常不大表示意見，因為不值得他們花這個力氣。	如果某些事物顯得不合理，就會引起人們的反彈。
人們定義成功的方式，是他們在工作上花費的時間與精神。	人們定義成功的方式是他們取得的成果。
人們在工作上不會很「投入」，缺乏充實感。	人們投入工作之中，非常滿意他們的工作。

Coffman）和詹姆斯・哈特（James Harter），內容談到一項蓋洛普（Gallup）的市場調查，該調查顯示，只有29%的員工在他們的工作上是充滿活力，全心投入的，54%則是中等有效——他們來上班，只是做事而已，其餘17%散漫地工作。也就是**71%的受訪者，只有「手和腳」來上班，「心靈與頭腦」根本沒帶進辦公室。**

另一項調查則是由市場資訊業的龍頭模範市場研究顧問公司（TNS）進行的，它顯示美國勞動市場上的25%的人只是「上班

領薪水」，而有三分之二的人則是「無法認同雇主的業務目標與
目的，也不覺得有動機去完成它們。」

韜睿惠悅（Towers Watson）是一家舉世聞名的企管顧問公
司，他們的一項全球調查結果說：「日本員工中，只有3％說他
們是全力投注在工作上。」

這些調查證明，「當責」確實是個全球問題。

更令人訝異的是，有許多年輕的員工願意放棄升遷，只是因
為不想承擔太多責任。

東京都廳（Tokyo Metropolitan Government）是許多事業
心強的專業人士聚集的公家機關，「二〇〇七年的升任管理階層
考試中，只有14％的員工有資格參與考試。但是，三十年前有
40％。」從這些統計數字來看，當動機減低，成果亦然，經驗也
是這麼告訴我們。

你要如何得到人們樂於當責的心靈與頭腦，激勵他們交出成
果呢？老方法靠的都是棍子的威脅與胡蘿蔔的利誘。

在十六世紀的英格蘭，官員公布一道「占權發聲」（Livery
of Seisin）的法規，做為將土地所有權轉移給另一方的主要方
式。這個「所有權的轉移」是以正式儀式進行，其中雙方當事人
在公共場所相聚，為象徵所有權的變更，其中一方會將一根樹
枝、一塊泥土或一把鑰匙交給對方。

在大多數英格蘭人都不識字的年代，這些公開儀式可以幫助
大家記住這個重要事件。但是，你要如何驅使大家記得它呢？

官員會找些年輕人，通常是這些土地的可能繼承人，將他們
拋入冷水中，或是鞭打他們，這個經驗就會在他們的腦海裡永遠

如新。

今天我們並不建議你這麼做。當你藉由強迫或威脅的方式驅策別人完成你希望他們做到的事,你可以讓他們順從,卻永遠得不到他們的心靈與頭腦。

弗烈德・羅伯茲(Fred Roberts)擔任美國職籃(NBA)的小前鋒達十三季之久,他跟我們說過一個他的隊友的故事。教練命令這名隊友多跑幾圈,以彌補他在練習時的不良表現。教練為了讓這名球員努力地跑,在他一面繞著體育場跑的當時,大聲喊道:「給我拚命跑!」

這名球員是眾所周知崇尚「精神自由」的球員,他回答教練說:**「你要我跑多久都可以,但是,你沒辦法讓我拚命跑!」**

於是,他開始跑一圈圈,卻只是繞著球場懶散地慢跑。

想一想,「你要我跑多久都可以(手和腳),但是,你沒辦法讓我拚命跑(心靈與頭腦)。」這句話,這位球員捕捉動機的真理——當我們強迫別人去做我們要求的事,我們只是得到他們的「手和腳」。當我們得到他們樂於當責的「心靈與頭腦」,我們就得到了生產真正成果所需的動機。

期望鏈上下的每一個人都有工作要做,但是你不能只是發出嚴峻的命令、咆哮的指示,更不能用鞭子抽打或潑一桶冷水命令他們把事情做好,對初入職場的社會新鮮人更不能如此。

【案例:媳婦熬成婆?別開玩笑了!】

我們認識一位表現很好的高階經理級領導者莎倫(化名),

她跟我們談到她和一位分析師一同合作一項專案的經驗。

這位分析師名為珍（化名），年輕聰明，似乎很有潛力。然而，不知為何，有一回莎倫交給珍的一項專案，珍卻沒有準時交件。

那項專案是為了幫助資深管理團隊研究新興市場潛力的資訊。當莎倫要求珍將這項報告列為高度優先的工作項目時，珍只是回答：「不，我不做那份報告。」

莎倫聞言大吃一驚，問：「為什麼？」

珍的態度很強硬：「我知道我們不會進入那個市場，那我為什麼要花時間做那份報告？」

最後，當莎倫說服了珍，讓她了解那份報告對資深管理階層的重要性之後，珍還是完成很不錯的一份報告。

莎倫憶起這件事，指出在某個程度上來說，她和珍的互動，是許多資深主管共同的管理心法——「控制與強迫」的效果，遠遠比不上「說服與勸說」。

這個和年輕一代共事的管理體驗，另一位在零售業擔任高階經理的客戶也表示同意。

許多年前，當他還在公司裡設法往上爬時，每一個人都理所當然認為，有野心的員工就會整天工作，就連假日也不例外，好讓工作可以完成。

他告訴我們，當今許多年輕員工根本不必把工作帶回家，還是能以「上班認真工作、下班專心玩樂」的方式照樣完成工作。

他曾經幫助一位地區經理解決一些工作與生活平衡的問題，當時那個問題影響到某一家分店的員工，那位地區經理告訴他：

「我們給了他們周休二日，這是我們從來沒想過的事。結果，他們跟我們說，就算這麼做，也沒什麼值得好高興的。因為，本來就是應該放假的啊！這些年輕的一代剛進入職場，和我們初入社會時的期望不同，我們得學習用不同的方法管理他們，因為新世代的年輕人不想忍耐……今天在這一行，如果你想用『媳婦熬成婆』的舊有行為模式管理他們，會發生兩件事，一是他們會辭職，還有，他們會去告你。」

既然你無法正常**命令**他們去取得高績效，就得了解你可以如何激勵人們去**想要**滿足你的期望。嬰兒潮世代的人們也許因為上司要求，他們就願意去做，但是年輕人會想要知道你**為何**要他們這麼做。

《財星》雜誌有篇關於如何訓練新世代員工的文章，納狄拉‧希拉（Nadira A. Hira）說：

「這些他們〔這裡指的是優比速國際公司（UPS）〕想要訓練的年輕人並不只是Y世代（Generation Y），他們是為何世代（Generation Why），一個『從來都不願意相信』的族類，他們學會『凡事都質疑』。」

喬登‧卡普蘭（Jordan Kaplan）是長島大學紐約布魯克林分校（Long Island University-Brooklyn, New York）的副教授，他在《今日美國》的一篇文章中說：

「Y世代對傳統命令與控制（Command & Control）的管理方式反應不佳，而今日職場依照舊有的管理方法。他們在成長的過程裡，就是一路質疑他們的父母，現在則是質疑他們的雇主。

他們不知道怎麼閉嘴，這是好事一件。但是，年齡足以當他們父母的主管看到這種情形卻是一肚子氣，因為他們只會說：『去做，而且，現在就去做。』」

希拉談到馬克・默森納（Mark Meussner）的故事，後者曾任福特公司（Ford Motor Company）經理，他憶起有一回他需要解決一個長期以來一直都很嚴重的製造線問題，兩位熱心的年輕工程師也想參與。默森納同意給他們這個機會，而他們搭配一位經驗老道的師父，就解決了這個問題，而且使得公司的營業額增加兩千五百萬美元。

由於這一次的成功，管理高層採用一個政策，讓資歷尚淺的工作人員設法解決全公司的各種問題。默森納的結論是：

「我們需要用上員工的全部——不只是他們的支持與頭腦，還要他們的創新、熱誠、活力與新鮮的視野。」

主要期望往往需要期望鏈上每一個人百分之百的投入，動機不足，你就無法期待人們付出那種程度的心力。我們相信，今天要得到全面付出，就得讓人們看見，如果能夠達成主要期望，就會造成很大的不同，並不只是為了組織，還是為了他們個人。

尋找緣由

多年經驗告訴我們，要成功激勵人們，全看你如何讓他們投入一個緣由（cause）。當人們完全投入某一個緣由，他們就會投入全部的「心靈與頭腦」。

【案例：全心全意、全神貫注】

已故的健身大師傑克‧拉蘭（Jack LaLanne）是全美第一家全方位健身俱樂部的創始人，也是第一個完全健身節目《傑克‧拉蘭健身秀》（*The Jack LaLanne Show*）的明星。回頭看他的一生，顯示他是如何完全投入他的「緣由」。

傑克剛開始找不到資金來源，因此開創了他自己的即沖即飲的早餐營養飲品（如今這些飲品已是名聞遐邇），以籌措足夠的資金，讓他可以建立一個健康與運動的加盟事業。傑克跨越最初的資金障礙之後，他終於開創了一個事業帝國，如今有超過兩百家的健身俱樂部，最後他將這個事業體賣給了貝利公司（Bally）。

他九十幾歲時，還繼續在主持一個廣播節目，還為若干產品拍廣告，在全球各處曝光。顯然他的緣由的驅動力量擴及事業體中所有重要人士，例如他的員工、投資者與顧客。當人們有勢在必行的理由去做某一件事，他們克服困難達成期望的能力就會令人刮目相看。當原因成了緣由，形成的動機幾乎就可以保證主要期望可以達成。

緣由不需要牽涉到生死存亡的情境。可以簡單到只是為了提供安全可獲利的工作環境，但一定是有意義的。無論緣由是什麼，讓人們和它產生關聯，也許就是未達成期望所欠缺的動機。

你還記得一個路人的故事嗎？他停下來問兩位鋪磚塊的工人：「你們在做什麼？」

其中，一名工人喃喃說道：「鋪磚塊。」

另一名工人則是抬頭仰望天空，眼神發亮地說：「蓋一座大教堂。」

你期待哪一位工人會把工作做得比較好呢？

我們相信，只要你可以讓期望鏈上的每一個人看見自己的工作中的「大教堂」，他們就會有動機把事情做對、做好，不管他們的工作是多麼簡單；這種全心投入的驅策力量，在各行各業都很管用。

【案例：消化型潰瘍是成功者的勳章？】

拜瑞・馬歇爾（Barry Marshall）是二〇〇五年諾貝爾醫學獎得主，他在一個全國新聞俱樂部（National Press Club）的演講會中，提到其他科學家如何唾棄他和他的共同得獎人羅賓・華倫（J. Robin Warren）的作品。

他跟聽眾說，他和華倫兩人被詆毀成「科學界的異教徒」，而且「被我們這一行的成員貼上造假和欺騙的標籤」。他們因為消化型潰瘍的突破發現而獲獎，在他們顛覆原始理論之前，這種病症一直被歸因於「壓力過大」。

事實上，有許多商場人士還在吹噓他們的消化型潰瘍是「成功的勳章」，遵照醫囑，治療方式就是避免刺激性食物、減少壓力與焦慮，並且服用大量的制酸劑，以及開刀。

華倫和馬歇爾直接衝撞那些傳統的信仰，早在一九七九年就已發現潰瘍是因為胃裡出現了一種菌株。他們的同僚緊抓住普遍的智慧，以為細菌無法在胃裡那種「殺菌的酸水浴」中生存，完全無視於這個新發現。

這兩位特立獨行的人不受阻撓，努力多年之後，終於證明他們的理論，並且為這病症找出革命性的治療方法。他們彙集證據的論文刊登在許多期刊上，卻幾乎無法找到足夠的經費讓他們的研究前進到下一個階段。華倫沉浸在那源源不絕的熱情之中，因此，做了一件不可思議的事。

在一個寒冷的早晨，他喝了一劑的細菌，他形容那是一種「劣質酒，口中的餘味類似臭水溝的水」。一星期之後，他證實他的胃裡「擠滿了螺旋菌」。他用抗生素治療自己，病狀在幾天之後便消失了。

即使得到實證結果，這兩位研究者面臨的阻力依舊不斷，因為大多數醫生還是不放棄傳統的教條。馬歇爾的結論是：「一直到一九九四年，那是羅賓和我最初將幽門螺旋桿菌（Helicobacter pulori）和潰瘍連結在一起之後十二年，威勢強大的國家衛生研究院（National Institutes of Health）才接受了細菌造成潰瘍的因果關係，並規定罹患潰瘍的人應該要用抗生素治療。」

動機、奉獻、熱情與全心投入，終於戰勝一切。

如同馬歇爾跟他的聽眾說的：「我必須承認我有十幾年的時間覺得很沮喪，因為，後來醫學界才終於接受我們的研究結果。但是，在我的心底，我從來沒有意氣消沉過，因為我知道我們在做的事情是對的，我們的結果終有被接受的一天。」

再一次，一個人對一個緣由的堅定信念推動他前進，而且除了最初的反對聲浪之外，它終於遍及整個醫學界。當你能夠使你

依賴的人齊心成就一個緣由，就像傑克‧拉蘭和上述兩位諾貝爾獎得主，你就會看到整個期望鏈出現了同一種類型的動機、精神與心力，一同解決問題、取得成果。

千萬不要低估這種信念的力量，它就在你的工作價值中。百特醫療產品公司亞太分部〔Baxter Healthcare (Asia)〕在新加坡舉辦一項工作坊，參與者是來自六個亞洲國家的一百五十位資深領導者，其中一位參與者提出真知灼見：「人們會為錢工作，他們會為好的領導者更努力工作；但是他們工作最努力的時候，終究是為了一個緣由。我們卻向來沒給我們的團隊任何緣由。」

《哈佛商業評論》有一篇最常被要求授權使用的文章：〈重任之下有勇夫〉（*One More Time, How Do You Motivate Employees?*），提出雙因子理論的作者赫茲柏格（Frederick Hertzberg）談到帶來滿足感的激勵因子（Motivators），例如工作本身和成就感；以及導致不滿足的保健因子（Hygiene Factors），例如薪水和福利。赫茲柏格的結論是，光是金錢無法激勵人，但他也承認金錢確實也是個重要的角色。面對那些認為金錢無法激勵他們的人時，赫茲柏格怎麼說呢？

「當他們跟我說『金錢無法激勵人』，我的費用就會加倍。」

赫茲柏格證實金錢占有重要的地位，但是，他也述說一個重要的真理：

「僅有金錢，並無法真正得到人們的心靈與頭腦。如果人們在他們的工作中找不到滿足與意義，就算再多金錢，也無法激勵他們把工作做好。」

有什麼可以讓別人產生有意義的動機呢？我們和數百名成功

的客戶合作的計畫讓我們相信，如果你不給人們一個緣由——一個他們可以全心擁抱的緣由——就沒什麼能夠真正激勵他們。到頭來，偉大的驅策者就會是一個緣由，他們可以讓人們覺得自己如果成功了，就可以產生重大的影響。

【案例：看到真相的技工】

我們有一個客戶GBD診斷公司（GBD Diagnostics，化名，以下簡稱GBD）製造的產品需要一種極度昂貴的康寧百麗系列（Pyrex）的硼矽酸小玻璃珠。不幸的是，在製造過程中，有將近30%的玻璃珠都會變成廢料。

一位製鋁的技工珊蒂（化名）質疑，為什麼GBD無法將那些被篩選掉的玻璃珠進行再製使用？然而，每次她提起這個問題，就會遭致同樣的反對聲浪。比方說，技術部門認為這問題和產品並不相干，判定那些珠子不能重新使用，這是管理階層的意見，也被視為最後的決定。

珊蒂如果只用「手和腳」工作，而不用「心靈與頭腦」工作，就會摸摸鼻子接受這個事實，繼續注意其他問題。

後來，當珊蒂獲得晉升，離開製造部門之後，不久又得到另一次升遷，回到製造部門擔任營運經理。這個職務讓她很快就開始用心想要找出一個方法，使用那些淘汰的玻璃珠，她認為此舉能為公司節省很大的一筆錢。

她立即成立一個團隊，起草一個專案章程。但是，她再度遭遇強烈的反對意見，這次，是來自她的小組的一位跨部門團隊夥伴——品管工程師、法規和產品支援——他們強烈反對再製使用

那些玻璃珠。

這些反對意見的立場，並不是直接與產品績效相關的實驗證據，而是過去的一種經過測試、傳承多年的信仰。

沒有跨部門團隊成員的支持，珊蒂的新專案無法推行。研究這問題的會議召開了，大家開誠布公地討論，有時甚至有些激烈的爭辯，珊蒂卻還是無法說服那些人著手推展這項計畫。

她了解，你絕對不能低估人們對現狀的信仰力量，即使當事實已經不再支持這項信仰。然而，這個課程只是促使珊蒂和她的團隊更加努力。他們用自己的方法測試那些玻璃珠，結果發現，經過處理再製的玻璃珠，不僅可以回收再製，而且還比原來的玻璃珠效果更好。這些回收再製的玻璃珠不僅能為公司省錢，還可以改善產品的品質。

然後，發生了一件意料之外的事。有個不相干的發展——GBD 的顧客開始抱怨現在的產品有個大問題。假如 GBD 無法迅速解決這個問題，就得失去幾個大客戶。那種原本應該淘汰但經過回收重製而品質較高的玻璃珠緊急上場，取代現有的產品之後，不僅解決了這個問題，它還改善了這項產品的整體診斷能力。GBD 於是立即將這項發展通知它那些憂心忡忡的客戶，因而阻止一場可能的大災難。

最後，珊蒂的團隊用心做出來的成果使得公司每年的生產成本減少了至少一百一十萬美元，幫助公司留住了主要客戶，也改善了這項產品的整體品質——勇於當責的「心靈與頭腦」再次得勝。

刻意而謹慎地使人們加入緣由之中,可以大幅影響人們的動機,使他們願意振作精神滿足你的期望。

以下是「了解我的緣由程度」評量,每一個問題請回答「是」或「否」,以判斷你是否應該更進一步幫助位於你的期望鏈上的人,加入緣由之中。根據你對目前的一項主要期望,以及與該期望相關的期望鏈上的人做答。

【自我評量 7:了解我的緣由程度】

下列敘述,請回答「是」或「否」。

_____ 1. 我聽見人們會跟別人描述該緣由,並且時常重複提及。

_____ 2. 我發現自己定期以強制性的方式談論該緣由。

_____ 3. 我對該緣由非常投入,覺得我自己的心靈與頭腦都已經投資在內。

_____ 4. 我可以看見一些證據,顯示人們校準了我們的方向,而且積極使其成真。

_____ 5. 我發現人們對我們的緣由非常熱情,而且如果他們認為我們脫軌,便會時常坦誠表示他們的意見。

_____ 6. 我時常會對人們的用心感到驚訝,他們為了確保我們可以取得成果,表現得非常足智多謀。

_____ 7. 在使用動機洩密的方法時,我在期望鏈的人們身上看見若干好的跡象。

如果上述問題你的回答都是「是」,或大多為「是」,很可

能你的人馬大多高度投資在你的緣由之中。如果有少數回答
「否」，也許你就應該加把勁，才能抓住你的期望鏈上的人們的
心靈與頭腦。

抓住心靈與頭腦

你還能做什麼？首先，你可以掌握這四個步驟：定義它
（Define It）、推銷它（Sell It）、提倡它（Advocate It）及慶祝
它（Celebrate It）。

定義它指的是擬出一個令人無法抗拒的故事，它可以抓住人
們的想像，激勵他們達成目標。當你以故事的形式去表達緣由，
就會讓它顯得很真實，彷彿得以觸知。人們可以運用想像力，也
比較容易記得**為何**它值得他們全力投入。好的故事會一再傳頌，
因為人們覺得它動人心弦。艾德和史帝夫・梭柏（Ed and Steve
Sobel）是國家美式足球聯盟（National Football League，以下
簡稱NFL）影片的製作人，他們說得好：

**「告訴我一個事實，我就會記得。告訴我一個真理，我就會
相信。但是，跟我說個故事，我就會永遠把它放在心上。」**

一個令人無法抗拒的故事，不但能夠創造脈絡，還能讓人視
為工具使用，進而將資訊傳遞給別人，感染力強又有說服力。大
家都喜歡好聽的故事，如果你想要別人注意你的緣由，給他們聽
一個不會太快忘記的故事。

【當責管理模型 13：讓別人加入你的緣由】

定義它	以故事型態述說緣由，有情節、場景與角色。
推銷它	成為一位好的「說故事的人」，能夠勸服期望鏈上的人接受這緣由。而且一定要用上相關的「為何問題」。
提倡它	繼續公司開支持緣由，再加上一些輔助的證據，強化你的故事，將它一說再說。
慶祝它	公開肯定進展與成功，不是只有在成功達成目標的最後時刻，而是一路上遇見重要里程碑便公開慶祝。

　　每一則好的故事都包含某些基本要素——情節、場景與角色。情節舖陳一系列的事件，從頭至尾，其中各個角色處理一個充滿壓力的問題或衝突。在某個關鍵時刻到達高潮，他們面對問題，並且以某種方法將它解決。場景就是故事發生的背景，包括時間（未來、過去或現在）與地點。角色包含所有的人，主角或配角，他們捲入這尚未展開的事件，其中，總會有個正派角色或反派角色。

　　在《綠野仙蹤》（*The Wizard of Oz*）一書中，情節包含一趟主角（桃樂絲和她的夥伴們）自我發現的旅程，直到他們明白，藉由自己的種種智謀，以及沿途仁人君子的幫助，他們得以

解決自己面臨的問題。桃樂絲最主要面對的是回家的問題，其他角色則包括得到一顆心、頭腦與勇氣。壞女巫是反派角色，當主角們明白，他們始終擁有解決問題的力量，故事便達到高潮。這個故事已經根植在世界各地的文化意識當中，因此我們將它用在我們的第一本書《當責，從停止抱怨開始》當中，以抓住人們的心靈與頭腦。

在我們的第二本書《翡翠城之旅》裡，我們描述我們的客戶組織潔昇興業公司（ALARIS Medical Systems，以下簡稱ALARIS），如何在戴夫‧史洛特貝克（Dave Schlotterbeck）和他之前的管理團隊的領導之下，創造了一則撼動人心的故事，而幫助他們的員工達成驚人的成就。故事內容類似這樣：

我們做為一個組織（角色），有一個特別的機會可以解救人一命；而且，如果我們可以在接下來的一年之內，將我們的策略轉向，就可以讓我們公司的獲利更高。

我們的策略（情節）是，我們不再製造灌注泵浦儀器（pump infusion equipment），而是要跟醫院合夥，請他們採用我們目前的技術，確保他們的病人的安全，我們將給醫院一個整合的系統，用來監控病人的狀況，並供給正確的藥劑份量。

如果我們不做出這個轉變，而只是繼續專注於我們目前的產品，目前市場的狀況，以及我們的兩個最大的競爭手（反派角色）就保證會廢了我們公司，我們將會被惡性併購，威脅到我們的工作和我們自己公司的使命（場景）。

另一方面，如果我們能夠現在就採取行動，成功地做出必要的短期犧牲（高潮），就可以增進病人的安全，消除致命的人類錯誤，每年解救成千上萬的性命，在市場上創造巨大的競爭優勢，提供更多工作機會，以及空前的豐厚利潤。

故事的一開始是一個脆弱的現況，最後以一個光明的未來做為結束，它需要堅強的卡司陣容，而且它讓整個使命顯得並不只是為了賺錢。ALARIS的員工全心擁抱這個故事，因而開創了一個嶄新的未來，不只是幫他們的公司與自己的生命，還幫助了許多躺在醫院床上的病人。當史洛特貝克的組織真的讓他的故事成真，這則故事就變成了「那個」故事，在各方面大獲全勝，而終致成就華爾街歷史上罕見的投資報酬紀錄。

還記得你小時候玩的「連連看」遊戲嗎？當你把一張書頁上的所有數字連接起來，你會看見一個圖形慢慢浮現，原本看起來什麼都沒有，只是一群凌亂的黑點，到頭來卻很神奇地變成了容易辨認的形狀。一則編寫良好的故事也是一樣——你幫大家「連連看」（所有的事實、重點、證據與情境），而終致讓人們看見一個清晰而令人無法抗拒的圖像，這個圖像會激勵人們加入緣由之中。

推銷它指的是當你變成一位「說故事的人」，目標是說服人們接受這個緣由。要成功做到這點，你就必須能夠操縱構想的力量，而不是運用地位或職權的力量，才能夠捕捉人們的想像力。你不能用「詔書」（edict）去命令人們加入緣由，但是可以說服

他們朝正確的方向前進。

　　戴夫‧史洛特貝克和他在ALARIS的團隊的做法，是透過一系列的「里民大會」（town hall meeting）（譯註：意指非正式的會議，其中主持人的演說相對較為簡短，之後提供較多的時間給現場的聽眾提問討論），和牽涉在期望鏈裡的每一個人見面，和組織持續不斷地對話。他們把所有的黑點連接起來，定期重複進行連接的工作。

　　故事成形了，人們接受了它。他們運用一則好故事所需的一切元素，創造出一幅令人感動的圖形，也因而創造出了當責文化，讓每一個人覺得自己是一個感人肺腑的故事主角。他們能夠阻止壞人（攻擊性的競爭）在他們的頸子上吹氣，解救自己美好的一天嗎？是的，他們可以！

　　當責文化當家的時候，公司裡的每一個人，從生產線開始，都會一再述說這個故事，不只是在ALARIS裡，還會跟家人和組織外的朋友分享。事實上，你在一場足球比賽或其他社區活動裡，都還會時常聽見有人提到ALARIS的故事。

　　推銷它指的就是回答「為何」的問題。無論你自己的緣由是什麼，你都需要針對任務背後的「為何」，特別為你的聽眾打造一個說法。我們這一行有一句話說：**「沒有需求，就沒有行銷！」**你必須說服人們，你要求他們做的事也可以滿足他們個人或業務上的需求，如果你無法做到這點，就別奢望他們會做到，就這麼簡單！你在編寫故事的時候，要記得針對「需求」的問題著手，提問五個關於「為何」的問題：

【祕技：五個「為何」的問題】

1. 為何它很重要？
2. 為何是我（而不是別人）？
3. 為何是現在？
4. 為何要這麼做？
5. 為何我會想要去做它？

有位和我們合作的經理人針對這些問題的回答，讓他的組織經歷了不可思議的轉變。

【案例：你，「加入」了嗎？】

傑夫（化名）面對生產線的問題、勞資衝突，以及消費者的喜好改變，他知道自己必須儘快做出一些改變，以解決這家百年工廠瀕臨關閉的問題。

為了讓他的管理團隊的心靈與頭腦能動起來，讓他們加入他希望成事的緣由之中，他將這些關鍵人物聚在一起，到大煙山國家公園（Smoky Mountains）的一個度假中心開會，他在那裡花了兩天時間，思考新策略背後的道理。他們事先都討論過新方向的所有細節。不過，傑夫現在已經做好完全準備，要把故事說得讓他的團隊可以全心投入。

他談到每一個「為何」的問題，確信每一個團隊成員都知道為什麼自己的角色攸關這項任務的成敗，以及為什麼只要每一個人把自己的角色扮演好，公司裡的所有利益關係人都會贏。當所有的黑點開始連接起來，清楚的改變方向浮現了。然後，這個團

隊裡的人回憶，當時傑夫在會議室裡轉了一圈，問每一個人：
「你，加入了嗎？」

　　他讓團隊裡的每一個人都可以選擇站到一旁，如果他們覺得
自己無法認同的話，但他很清楚地表示，他希望他們都會加入這
個緣由。那是個戲劇化的時刻，他的夥伴至今難忘。高潮呢？傑
夫的領導能力，他編故事的方式，以及將它推銷給同仁的方式，
以及這個團隊取得的令人吃驚的結果——他們終於解決了勞資雙
方的衝突，並將組織轉化為公司裡極具生產力的工廠。

　　提倡它指的是繼續公開支持緣由，使用更進一步的佐證強化
故事，一而再、再而三地述說這則故事。你持續不斷努力，使緣
由攤在陽光下，讓人們不會忘記它，你所下的功夫是你能否抓住
人們的心靈與頭腦的關鍵，尤其是當事情進行很不順利，或是期
望似乎很難達成時。

【案例：不僅可能發生，還必須成真】

　　有一所州立大學的校長是我們的客戶，她因為多年來學校的
招生名額不斷下降而大傷腦筋。

　　由於學校的預算來自入學率，她被迫面對一些不愉快的決
定，比方說，停止一些學生的福利，以及減少教職員人數。更嚴
重的是，如果學生數字降低到某一個程度，州政府也許乾脆關閉
學校。

　　校長帶著這些想法，把她的故事帶到學校的理事會並召開會
議。她宣布該校這一年將會增加 2% 的招生名額，並且跟理事們

說明原因。

剛開始，成員們完全不相信，聽見這個說法時，大家都噗嗤一笑；但是，他們愈深入聽她的論點，愈相信這不僅可能發生，還**必須**成真。

這位遠征的校長所到之處，都會把這故事說一遍，所有成員也是。為了達成這項期望，人們的熱情開始感染到整個組織。校園內，所有期望鏈「下線」的人都開始了解如何利用新的課程，將傳統的課程重新注入活力，並思考新的招生方式，以增加新生的入學數字。在這持續的倡導之下，愈來愈多能夠有所貢獻的人也開始用各種方法「加入」這個緣由。

學校的教職員都受到這些新點子的激勵，而使得那一年的學生入學率增加了驚人的4.2%。

使人們加入你的緣由的下一步是**慶祝它**。這裡我們指的是「公開肯定成功」──你不僅要在人們達成最終目標時表示讚賞，而且，要在所有的工作進程中都要做到。

有一項針對軍隊裡的工作滿意度的調查顯示，戰鬥機飛行員的滿意度最低，最高的則是廚房伙夫。我們也許會覺得很吃驚，認為應該相反才是，但是，很顯然戰鬥機飛行員很少得到正面的肯定，只是偶爾有機會從事他們接受訓練的事；至於廚房伙夫，由於一天三餐都在接受讚美，提高他們對於工作的滿意度。

記得，想要使人充滿活力，就要讓他們維持在緣由之中，最好的方法，就是慶賀他們的成就。其實，美軍知道怎麼做這件事：

【案例：用心用腦，讓人更有熱情】

我們在撰寫這本書時，收到美軍三二五戰地醫院（U.S. Army's 325 Combat Support Hospital）的丹尼爾·湯普森（Daniel Thompson）的來信。他在信裡描述他運用我們教他的想法，使他的單位參與一個攸關「生死存亡」的緣由。

丹尼爾被派到伊拉克的提克里特（Tikrit），負責緊急醫療部門，該部門有十四名戰鬥軍醫和六名持有執照的護士。他的團隊到達目的地之後，發現他們需要改變團隊照顧傷患的程序。

他在信裡寫道：「剛開始有如鉛製的氣球一般，因為感覺起來像是軍醫沒有照護責任，而將它交給了護士一樣。前一個單位是由軍醫主控，那在我看來，像是要陷害我那比較缺乏經驗的軍醫，讓他們無法成事。」

為了解決這個問題，丹尼爾指派護士去進行最主要和次要的評估，軍醫則是負責領導團隊。「我的一些護士覺得很不自在，因為給他們增加了很重的責任。歷史上，這都是醫生的工作；然而，在這個環境裡，醫生對傷痛的照護經驗往往比不上護士。」

丹尼爾在這個新制度中，給他的人員進行徹底的訓練，一再述說他的故事，說明要給傷兵提供較佳照護，他決定以身作則，自己帶頭照顧前面幾個病人。他知道這個方法尚未證實有效，他個人冒著很大的風險。新方法證實有效之後，每一次成功，丹尼爾就會慶祝一次。

他寫道，最後「那些懷疑的人也都回頭開始表示支持。」丹尼爾一邊身先士卒，一邊慶祝一些小小的成就，於是讓大家看到新方法的運作確實順利。整支隊伍同感光榮，而且從那時候起，

大家都能全心接納與提倡這個新方法，並且時常用他們自己的故事添油加醋。

結果很令人欣慰，丹尼爾的單位在整個部隊裡贏得肯定，認為他們是可以解救性命的「後勤維修人員」。團隊成員投資了他們的心靈與頭腦，熱情尋找可以改善程序的其他方法。

他們向丹尼爾提出新構想，90%的點子都獲得執行。丹尼爾的單位在醫院裡的表現最佳，因此他接受表揚，獲得了青銅星章（Bronze Star）。

丹尼爾寫道，比這個星章更重要的是：「因為我們有能力適應改變，專注於持續改善，因此解救了許多生命。」慶祝工作並非到此為止。陸軍最後把他的團隊開發的許多照護程序引進整個部隊裡，數百名受傷的士兵因而得到軍隊所能提供的最佳照護。

維持緣由的生命力

你需要繼續努力，才能維持緣由的生命力，做法是推銷它給新來的人，已經加入的人要繼續提倡它，並且和所有相關人等一同慶祝它。要利用所有真實的機會去慶祝進程與成就，雖然我們不建議你把每一個小小的步驟都變成豪華宴會的藉口，但是每當有人向前跨出重要的一步，我們確實建議你應該要時常讚美。沒有做到這點，幾乎每一個人的動機與士氣都會被澆熄，甚至沉默不語，成為緣由殺手（Cause Killer）。

你在努力控制緣由的策動力量時，應該要注意，有許多可能的緣由殺手在外面徘徊打轉。你在約束期望鏈上的人們的「心靈

與頭腦」時，遇見這任何一個殺手，都可能使原本的努力前功盡棄。

扼殺勤於溝通緣由的七個殺手

【祕技：扼殺勤於溝通緣由的七個殺手】

1. 你不再講緣由、說故事，因為，你質疑自己的支援水準。
2. 你的行為表現不符合你在提倡的緣由，或是有所矛盾。
3. 你並沒有在過程中慶祝成功，傳達出來的訊息是，它並不像你說的那麼重要。
4. 你讓人們加入緣由，但是你希望他們只是照你說的去做，並不鼓勵他們在前進時提供意見或創意，也不需要他們參與。
5. 你讓其他的緣由，稀釋了他們主要任務的力量。
6. 你不讓人們有機會與你對話、提出問題，得到能夠幫助他們變得完全投入的答案。
7. 你忽視一個逐漸增長的認知，即人們很擔心他們沒聽見全部的真相，覺得似乎多少遭到你的操弄。

　　上述的任何一個緣由殺手都會使你花費的心力轉向，而無法約束期望鏈上的人們的心靈與頭腦，以致無法達成你的主要期望。

　　切記，談到使人們投入的問題，動機與操弄之間有如天壤之別。沒有人喜歡被人操弄，但是每一個人都喜愛真正的動機所帶來的活力與快樂。操弄者試著透過欺騙或壓力逼人上車，那也許

一開始可以使人們朝正確的方向前進，長期下來，卻無法留住人們熱情的支持。另一方面，能夠激勵夥伴的人，藉由勸導與說服，使人們相信應該在任務之中投入心靈與頭腦。他們以真誠而真實的方式從內心發聲，而且，他們的故事永遠都是真的。

　　如果你想讓別人參與緣由，激勵他們滿足未完成的期望，就得付出真心誠意的心力，沒有任何形式的操弄跡象才行。如果你想嘗試操弄人們，他們總是能夠從細微的臉部表情和肢體語言看出端倪。

當責實況檢查

　　要將這些概念化為實務，找一個期望鏈上的人，你指望他完成一件偉大的工作，但是，此刻的他卻因為顯然缺乏動機而讓你失望。

　　此時，請你在紙上編個故事，一則你認為可以抓住此人的心靈與頭腦的故事。首先，請你先了解人們參與緣由的原因，再行定義緣由，進而推銷它、提倡它，並且在達成的過程裡慶賀各種進展，即使只是小小的成功。

　　記得，編出來的故事必須具備情節、人物、場景與高潮。它不需要包括一些像救人一命這麼戲劇化的內容，但是，每一個企業，即使一些最平凡的企業都需要一個令人無法抗拒的緣由，讓它的員工發展偉大的事業。在你努力為人們培養必要的成事動機之際，別忘了，繼續提倡你的緣由。你也許甚至可以考慮，把這個故事說給所有期望鏈上的人聽。

激勵的風格

　　就跟當責流程的所有步驟一樣，你的風格會影響到你如何讓人們參與你的緣由。具備控制與強迫傾向的人，要小心實際或認知上的操弄。檢視自己在設法使人們成事時，運用權勢力量做為工具的傾向。

　　切記，每當人們覺得自己遭到威脅時，也會有被操弄的感覺。花一點時間設計一個有說服力的論點和故事，勸說人們加入你的緣由，避免你的語言行動被詮釋為「毫無誠意」，只是想騙他們「上車」而已。

　　如果你的當責風格屬於「等待與旁觀」，你應該要小心不要製造出操弄別人的感覺。你犯的錯也許是推銷太猛，想用排山倒海的事實說服別人；但是，其中有些並不完全正確，結論也可能過於扭曲，卻只是想要讓它符合你自己的觀點。這種不夠客觀又喜歡說服別人的風格，很可能會在事後讓人們覺得你只是在促銷一個誇大不實的故事，而且只是在利用他們而已。你不能讓人們認為你只是想說服別人「做，就對了」。不要運用你的個性的力量，而是要真誠努力讓別人了解向前推進之後可能的結果，讓正確的構想單純地進行說服的工作。

動機驅動訓練

　　當你發現解決方案就是動機，你可以開始傳達一個令人難以抗拒的緣由，讓他們可以參與、全心接納，也能相信它真的可以

創新改變。

再重申一次，那並不是因為人們懶惰，雖然這偶爾也會發生。而是說人們需要一點可以相信的事物，一點值得他們投資心靈與事物的目標。學習如何訴說一個故事，讓故事可以把圖像連接出來，讓人們可以參與緣由，幫助他們做出某種承諾，驅動人們克服困難，尋找有創意的解決方向。這時，人們願意取得某種程度的技能，讓整個期望鏈上都是訓練良好又知識豐富的一群人，那是內環裡的下一個解決方案的目標。

第七章小結：正面又合理的方法

複習本章重點，將有助於讓你約束期望鏈上的人，抓住他們的「心靈與頭腦」，以解決未達成的期望。

「手和腳」相對於「心靈與頭腦」

你可以輕易讓人移動他們的「手和腳」到辦公室上班，讓事情「有做」「做完」；卻不是很容易讓他們完全投入你的「緣由」，也帶著「心靈與頭腦」上班，把事情「做對」「做好」。主要期望通常需要「手和腳」與「心靈和頭腦」相輔相成，才能夠交出成果。

讓人們參與一個「緣由」

採取四個簡單的步驟──首先，「定義它」是打造一則故事；其次，「推銷它」是成為一位說故事的人，處理「為何」的問題；第三，「提倡它」是繼續公開支持你的緣由；以及第四，「慶祝它」是以公開方式，肯定大家一起締造的成功。

1. 定義它

以故事的形成說明緣由，內容包含情節（包括議題、衝突與高潮）、場景（包括時間和地點），以及角色（有主角和反派角色）。

2.推銷它

成為一位「說故事的人」，目標是說服期望鏈上的人們，使他們「投入」緣由，也別忘了處理「為何」的問題。

3.提倡它

繼續公開支持緣由，以更多支持證據強化故事，並且一而再，再而三地述說故事。

4.慶祝它

公開肯定大家一起締造的成功，並不只是在達成最後目標時慶祝成功，而是沿路的里程碑都要為了小小的成功慶賀一番。

「為何」的問題

說故事的時候，別忘了為你的特定聽眾量身打造一些關鍵的「為何」問題。

第8章 提供訓練

如果訓練是解決方案

探索解決未達成期望的第一項方法——「動機」之後，我們要開始檢視內環四項解決方案的第二項——有目標的訓練。如果你懷疑人們無法達成期望的原因，是他們缺乏訓練，理想上你會想要提供給他們的訓練，並非僅只於解決眼前的問題，還要能夠提升期望鏈上的每一個人的能力，讓他們能永續交出符合期待的成果。

【案例：大膽一點，設法改變現狀，然後想辦法成功】

我們和行銷服務業者維拉希斯公司（Valassis）共事的過程裡，看到一個絕佳的例子，可以說明有目標的訓練，對人們交出符合期望的成果，可能造成什麼樣的影響。

維拉希斯在併購全美最大的直效行銷公司艾華（ADVO Inc.）之後，總營業額從十一億成長到二十三億美元，而使他們成為全美最大的媒體與行銷服務公司。這兩家公司的營運方式大不相同。維拉希斯採取迅速完成的方法，艾華則是比較謹慎，中

規中矩，審慎的企畫，而且在採取行動之前要尋求完全的共識。

　　艾華在業界是以一流的設備聞名，而且是那一行的第一把交椅。維拉希斯的資訊長約翰・萊布朗（John Lieblang）面對的挑戰，不只是必須結合兩個有如壁壘分明的資訊科技部門，還要解決他的小組在文化、組織和科技方面遇到的嚴重難題。公司裡的每一個部門都需要和它的姊妹部門結合，以儘快形成一個運作順利良好的單位。公司的成功全靠兩個資訊科技部門順利結合，因此執行長艾爾・舒茲（Al Schultz）堅持整合的速度要更快一點，約翰了解執行長對他的期待。

　　約翰一邊思考這項挑戰，一邊安慰自己，他已經組成一支動力極強的資訊科技團隊，它絕對有能力解決這類的問題。他們認真看待成果的取得，而且負起責任準時交差，不超過預算，把事情做得很好，也很能討顧客的歡心。併購一事不僅威脅不到他們，還為每一個人注入新生命，燃起一種急迫感，每一個計畫都具有新的意義。

　　約翰只是必須想出他需要做什麼，才能讓整個組織的資訊科技相關人員都能夠當責，迅速而有效率地將兩個部門結合在一起。我們永遠忘不了約翰在回想這整個經驗時所說的話：「我知道我被雇用時，有了三個選擇。一是什麼都不做，最後被開除。二是做些大膽而激進的事，設法改變現狀，然後失敗，然後被開除。三是**做些大膽而激進的事，設法改變現狀，然後成功**，最後證明資訊科技小組是領導者。」

　　約翰比較喜歡第三個選擇，但他知道要做到這件事，他的團隊就需要共同的技能與方法，才能迅速校準並整合這些部門。就

是這時候，他將我們引進維拉希斯，訓練資訊科技團隊使用特定的模型與工具，幫助這個團隊做主，創造一個全新整合完成的部門，以滿足執行長艾爾・舒茲的期望。

訓練一開始，約翰便說明他想要的成果，卻完全避免觸及「合併那些部門」的主題。他做的是為了結合資訊科技部門，定義需要取得的四個主要業務成果，並且溝通這個目標：

1. 減少資訊科技部門的花費：藉此活化現金流量，改善盈餘；
2. 改善投資報酬率：確信每一項投資都有定義清楚的詳細財務營收；
3. 強化人資管理：提高人員的留職率與增加升遷機會；
4. 減少循環時間：以能較快執行解決方案。

接著他將這四大類的預期成果量化，並且堅持每一個小組的領導者都必須參與計畫中的訓練。訓練一面進行著，約翰同時帶領這個團隊討論校準的問題，讓整個團隊循著主要成果團結在一起。這時候訓練的重點是在於幫助該團隊創造自主感，並且讓整個資訊科技組織的成員都能夠為每一個主要成果當責。同樣地，他們的重點依舊不是合併這些組織，而是他們可以採取什麼行動來達成這四大業務成果。

結果，到了這一年的會計年度結束，資訊科技部門是全公司第一個將兩個部門成功整合的部門。維拉希斯和艾華是如此截然不同的兩個公司，資訊科技部門的人員運用最佳執行方式，因而能夠在短短的四個月之內，整合他們的運作方式，改善服務水準，準時又符合預算地交出高品質的開發企畫案。

最重要的是，約翰在正確的時候採取正確的訓練方式，以活

化他的團隊，交出執行長期望的主要成果，使得資訊科技部門成
為公司績效最佳的團隊。

　　維拉希斯的案例顯示訓練的效果，以及在這個案例之中，將
訓練聚焦於定義及溝通你期望人們交出的成果，這個做法能夠大
幅改善人們達成期望的能力。

　　另一個有過類似經驗的客戶是咖啡豆與茶葉公司（Coffee
Bean and Tea Leaf，專賣咖啡豆和茶，在美國是該行業第二大
的公司），他們根據這個相同的主題，組織他們的資深團隊。在
二十名最高資深經理人中，只有兩人有能力寫出公司在未來一年
所需取得成果中的前三項。

　　然而，就在最初的訓練之後的九十天，針對公司最高的兩百
七十五名總經理的追蹤練習顯示，這些總經理都能夠正確說明所
有的最高目標成果。更令人佩服的是——只是一點都不值得驚訝
——接下來這一年他們的主要績效表現指標都獲得改善，員工流
動率大幅降低，品質水準提升將近百分之百。

　　所有的組織都應該幫助他們的人員提升達成期望的能力，而
且應該使它成為優先事項，只不過很少人做到。管理顧問公司埃
森哲（Accenture）所做的一項研究顯示，有三分之二的公司領
導者覺得他們的員工大多「缺乏必備的技能，而無法以業界領導
者的水準執行他們的工作」。另一項由美國訓練與發展協會
（American Society for Training & Development，以下簡稱
ASTD）針對歐美勞工進行的一項研究則是發現「一般而言，有
74%的勞工曾經奉命從事一些他們覺得自己未受足夠訓練的任

務。」因此，這一切代表什麼意義？意指期望之所以未達成，往往都是因為所受的訓練太少。你可以怎麼做呢？**在正確的時刻，為期望鏈上所有的人進行正確的訓練。**

如我們在第七章指出，即使尋找正確的人才顯然是需要達成的目標，但是要培養組織的能力，單單依靠它做為解決方案是不切實際的。

資源的限制、科技的改變、演化中的組織文化，以及候選的人才庫之有限，在在使得找到正確的人才與湊齊正確的人才**數量**，成為不可能的任務，埃森哲和ASTD指出的技能不足的問題就是證據。

馬可斯‧柏金漢（Marcus Buckingham）和克特‧考夫曼（Curt Coffman）在他們合著的書《首先，打破成規——八萬名傑出經理人的共通特質》（*First Break All the Rules: What the World's Greatest Managers Do Differently*）中提到：

「*正確的人才，比經驗、腦力與意志力更為重要，無論在哪些規則之中，都是追求卓越的先決條件。*」

我們同意這個說法。柏金漢和考夫曼還說，人才，是教不來的，不像知識和技能可以教得來。這點我們也同意。大多數組織都在努力尋找足夠數量的人才，並設法留住他們。但是即使你做到了，你還是必須給這個人才應有的方向與育成，才能將他們的力量集中，交出你想要的成果。無論你是否找到了正確的人才，你都還是應該要培養期望鏈上相關人員的能力與技術，而且要將它當成第一要務。

過去二十年來，我們在業界的訓練與顧問經驗，使我們相信

——在正確的時候提供給人們正確的訓練可以快速改善成果——
這可能造成成敗之間的不同。我們一再親自見證這點，我們也看
過無數組織因為有目標的訓練，而鼓舞他們期望鏈上的人們，並
且逆轉績效表現，扭轉下滑的趨勢。一旦你找出訓練就是期望未
達成的主要原因，就可以將當責對話聚焦，專注於提供正確的解
答給正確的問題。

要有意識，維持覺察

要指出訓練是問題的解決方案，其實並不容易，它需要高度
覺察你真正需要改善的是什麼。無論好壞，人們很容易落入過去
安逸的習慣與例行的方式卻渾然未覺。要解決這個問題，我們根
據妥當的行為科學，運用能力階段模型（Phases of Competency
Model）。我們用這個模型來顯示人們在學習新事物時，從「新
手」前進到「大師」的各個階段中，人們體驗到的不同層次的覺
察及能力。老師們在扮演教練及訓練者時，自己也需要某種程度
的覺察，這個模型也可以為他們提供這方面的重要洞見。

小孩學習騎單車，幾乎是我們全都體驗過的，我們來看看這
個模型如何用在這個學習案例。

【案例：學習騎單車的能力階段】

她的第一課，她站在那裡撐起那輛閃亮亮的新車。

她很興奮，想學會怎麼做，卻也一臉茫然、手足無措。

她看過別人騎車，可是，一旦想到要如何協調所有的技能

【當責管理模型14：能力階段】

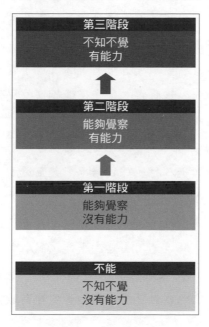

第三階段
不知不覺
有能力

第二階段
能夠覺察
有能力

第一階段
能夠覺察
沒有能力

不能
不知不覺
沒有能力

——平衡、踩踏、駕馭、剎車時，讓自己可以平穩地「滑」到街上，就覺得有點不安。

這時候，她自己並**不知不覺**所有她需要知道的事，她也**沒有能力**一次把它們全部派上用場。坦白說，她能力還不夠去完成這項任務。

經過某種形式的訓練，像是說明與示範，這位未來的單車騎士前進到理解的新階段。她明白自己尚未學到一切；至少她知道自己還有做不到的事。她到達了能力的第一個階段——**能夠覺察**，但還是**沒有能力**。

經過一點練習（好吧，**很多的**練習），她終於學會所有的技

巧，騎上了單車。她在單車上保持平衡，雖然還有點不穩，而且走在危險的路上，雖然還不是很平順，她還是做到了。再繼續練習，她開始騎得不錯了。然而，還需要非常專注才能夠騎得穩，只要分心，通常就會導致失去平衡，膝蓋或手肘就會磨破皮，至少在一開始的時候。這時候，她變得**能夠覺察又有能力**，那是能力模型的第二個階段。

經過更久的時間與練習，她變成騎車專家。事實上，現在她可以在社區附近四平八穩地踩腳踏車，甚至還可以耍點花招，例如慢慢滑行而不握把手。

「哇，」她的騎車教練喊道：「你現在真是個專家了！」到了這個階段，她騎車時，不用去思考平衡、駕馭與踩踏。分心已經不再使她迷惑，或是使她失去平衡。終於，她再次變得**不知不覺**，不需要去想自己在做什麼，而她當然是**有能力**的，這是能力的最後一個階段。

第二和第三階段反映的是能力的高階段，因為這兩個階段的人有能力做到他們需要去做的事。有趣的是，第一和第二階段都是訓練別人的好機會。**覺察與能力**階段也許會讓你覺得那是教練的理想平台，但你不能忽略第一個階段。談到訓練別人，**覺察**有時候比**能力**更重要。

有句老話還滿有道理：「**可以的人，去做；不行的人，去教。**」想想所有運動教練，他們自己在球場上都不怎麼優秀。在這方面，約翰‧麥登（John Madden）就是個值得注意的例子。

他在美式足球名人堂（Pro Football Hall of Fame）上占有

一席之地，那是因為他在奧克蘭突襲者隊（Oakland Raiders）擔任教練的成就，而不是身為球員的表現。他被全美足球聯盟第二十一輪選秀（整體而言是第兩百四十四回）時，發現自己因為在訓練時膝蓋受傷，而必須永遠退出球場。溫斯‧隆巴迪（Vince Lombardi）在大學時代打橄欖球，卻從來沒進入NFL。然而，他卻成為一名傳奇教練。

到了第三階段，你的精通程度到達一個境界，該行為根植在你心中，你可以不假思索便做到你需要做的事。你是根據「自動駕駛」（不用意識思考的能力）去運作的。上一次你有意識地想到綁鞋帶、剝橘子皮甚至開車，那是什麼時候？然而，當環境突然改變，一路退化到**不能**也是常見的事。例如，想像你以時速一百公里行駛在高速公路上，用上你最高段的能力——**不知不覺與有能力**的模式，這時候你前方汽車的剎車燈突然亮了。大多數人，至少那些沒參加過全國運動汽車競賽協會（NASCAR）賽車的人，都會退化到**不知不覺與沒有能力**的階段，整個人會暫時癱瘓，不知道應該超越那部踩剎車的車子，或是也跟著踩剎車，希望你後面的人會比較有意識而迅速地反應這個狀況。

談到績效，最後階段就代表最高程度的能力，但是這個層次的人並不見得是最好的老師或教練。當你在工作上的表現變得不知不覺地熟能生巧，或已經成為你的「第二天性」，那就真的會讓你很難去教別人怎麼做，因為你已經忘記你所擅長的這件工作，需要哪些小小的步驟。想一想這些挑戰——教別人打網球的開球、高爾夫球揮竿兩百五十碼手不彎曲、或是讓保齡球直直地滾在球道中央，這時候你會發現，要想變得比較「覺察」，是一

件多麼困難的事。

我們最近有一次到英格蘭，走在特拉法加廣場（Trafalgar Square）上，鄰近一條交通繁忙的街道。開車靠右的美國人留意來車時，必須向左看，而不是向右看，這對我們來說是根深柢固的習慣，因此我們必須提醒自己，我們必須留意相反的方向才能避開危險。聽起來很容易嗎？才不呢！你必須非常專心，不斷提醒自己，要自動形成這個新的行為方式。我們會很容易回到舊有的思考模式。然而，我們也明白我們並不是唯一努力維持意識警醒的人，因為我們注意到市政府的官員在每一個十字路口上，都畫了一個指向右邊的箭頭，同時寫著「向右看」。顯然這並不只是對我們這些習慣向左看的人的一種禮貌而已，同時也是承認保持警覺是多麼困難的事，即使我們絕對知道如果踏錯一步，就可能和疾行的計程車「不期而遇」。

維持意識上的警醒可能帶來極大的利益。我們在最近的一次資深團隊的訓練當中，進行了一次我們稱之為「解決問題」的比賽。在《當責，從停止抱怨開始》一書所描述的當責步驟中，「解決問題」跟在「正視現實」與「承擔責任」兩大重要步驟之後。我們要求執行長指出該組織目前最迫切需要解決的問題，她迅速回道：「改善收入總額。」國際市場的壓力如此沉重，該公司最需要的，就是達成一個充滿野心的新數字。在「解決問題」的競賽中，資深團隊全神貫注，設想公司還能做什麼來取得成果。換句話說，他們花時間提升自己的覺察與意識，想出他們還能開發哪些機會。這項練習的結果，他們終於找出一些價值十億美元的機會。執行長挑戰這個團隊，要他們在接下來的九十天

裡，從機會裡找出「垂掛最低的果實」。三個月之後團隊回報，找出四千萬美元立即可見的機會。該公司於是著手追逐這四千萬美元，迅速實現這個營業額。這個效益極高的團隊在能力模型的第二階段運作，提升覺察力之後，自問「還能有什麼作為，才能創造營收成長？」因而找到可觀的價值。

當然，相反的情況也可能發生。欠缺覺察力，甚至當它是因為高度精通而造成的無知覺，都可能使你錯失絕佳良機。你可以回想提姆·派特森（Tim Paterson）的故事，他是西雅圖電腦產品公司（Seattle Computer Products）的程式設計師，他在一九八〇年寫了86-DOS作業系統（譯註：86-DOS operating system，即MS-DOS作業系統的前身），微軟（Microsoft）創辦人比爾·蓋茲（Bill Gates）只用五萬美元就把它買下來。蓋茲需要這個系統來履行他和IBM簽署的執照合約，該合約中，他同意提供軟體給IBM。西雅圖電腦知道蓋茲的所作所為之後，控告微軟涉及詐騙，因為沒讓他們知道客戶是誰。微軟額外付出一百萬美元解決，接下來的故事我們都知道了。這筆重要的交易為微軟打好兩千五百三十億美元軟體霸主江山的基礎。如果我們無法變得「有覺察力」，就可能會付出極大的代價。

在能力模型中，前進到能夠覺察的階段，讓我們可以看見事物的真實面貌，因此讓我們和身邊的人都能夠比較有效利用現有的機會。我們不會只是冷眼旁觀，讓人們自己設法解決，而且因為技能不足而顛簸前進。你應該要試著增進自己的覺察力，了解你自己的期望鏈上需要哪些訓練。如下的自我測試「我的知覺如何？」有助於讓你看見你在這方面所處的位置。

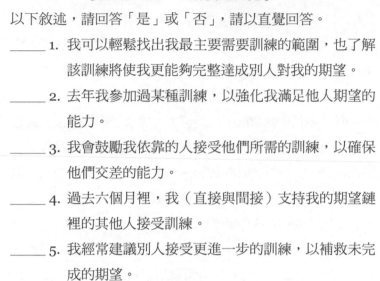

【自我評量8：了解我的知覺】

以下敘述，請回答「是」或「否」，請以直覺回答。

_____ 1. 我可以輕鬆找出我最主要需要訓練的範圍，也了解該訓練將使我更能夠完整達成別人對我的期望。

_____ 2. 去年我參加過某種訓練，以強化我滿足他人期望的能力。

_____ 3. 我會鼓勵我依靠的人接受他們所需的訓練，以確保他們交差的能力。

_____ 4. 過去六個月裡，我（直接與間接）支持我的期望鏈裡的其他人接受訓練。

_____ 5. 我經常建議別人接受更進一步的訓練，以補救未完成的期望。

在這些敘述裡，如果你的答案有任何一個「否」，也許你就無法解決未達成期望的問題，只因為你不會運用更進一步的訓練，好讓事情更確定上軌道。萬一如此，也許你並不很了解訓練究竟能如何幫助別人解決未達成的期望。提高你的知覺、維持警覺，並能以訓練做為解決方案，這很可能讓你在內環解決方案所投資的時間、精神與資源獲得極高的報酬。

訓練啟動器

如果訓練是你判斷能夠解決未達成期望的方式，你就得先了解，需要介入到什麼程度，才能夠幫助別人取得成果，訓練啟動

器（Training Triggers）可以幫助你做到這點。

【當責管理模型 15：訓練啟動器】

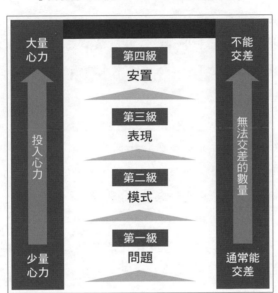

訓練介入方式可分為四級，以兩種因素而定。一是要花多少心力才能夠改善需要訓練者的績效表現，二是他們無法交差的頻率。一旦你找出未達成期望的程度，就可以選擇合適的訓練解決方案，針對四級（問題、模式、表現或安置）進行訓練。

第一級**問題**，此人通常表現很好，只是偶爾無法交差。這種情況啟動的訓練介入，是可以快速執行的解決方案。

【案例：看很多次，做很多次，只教一次】

最近，我們造訪一家大型零售服飾店，想買幾件休閒襯衫。

我們選好衣服之後，到了櫃檯，有位售貨小姐燦爛地笑著，和善地問我們：「要結帳嗎？請跟我到另一個收銀機。」

我們跟著她到了另一個櫃檯，我們在那裡注意到這個「買兩件，省五美元」的牌子。

我們指著牌子示意店員結帳時應該減五美元，她說：「對不起，那個促銷已經過了。」她已經完成結帳，我們對她表達不滿之意。

「哦，」她說，「可以去問店長。」

這時候，她的店長就站在收銀機旁講電話。

店員顯然是急著想解決這個問題，所以我們在一旁等著。不過，店長雖然可以看見我們站著等她，卻似乎不怎麼想趕快結束交談。

終於，她話說完了，過來處理我們的問題。她顯得相當不悅，轉身向店員說：「哦，好啦，才五塊錢嘛！拿掉就是了啊！」

店員抗議：「可是我不知道要怎麼做！」

洩氣的店長看都沒看店員一眼，就嘰哩咕嚕講了一連串技術層面的操作指令。我們這位店員顯然是個新手，像是洩了氣的皮球一樣，狼狽又沮喪的表情取代原本友善而急於表現的微笑。

沒錯，店長給了她一套明確清楚的指令，但是，由於她在很短的時間內像機關槍一樣地說出太多資訊，因此當場就摧毀了這個小小的「訓練課程」。

現在，老師和學生雙方都很難受。不過，所幸店長克服自己的情緒，說：「來，我做給你看。」於是她帶著店員做了一遍，一步一步來，最後終於完成交易。

我們的店員唯一需要的是，有人願意花時間讓她知道怎麼做
——這是典型的第一級表現者，這位店員平常表現得很好，只需
要店長稍微花一點點的功夫，就可以讓她把工作做得更好。雖然
她以前學過怎麼做，但是，需要看一次以上，才能順利上手。

其實，醫學院的學生也是如此，他們應該是根據「看一次，
做一次，教一次」的標準，耗費多年學到重要技能。

艾琳·瑞提根（Eileen Rattigan）是紐約大學醫學院（New
York University School of Medicine）的主治醫師，負責學生的
教育，她嚴厲指出這種傳統的教學方式根本缺乏效益。她認為，
這種「看一次，做一次，教一次」的醫療教學程序，不但不切實
際，還可能造成危險。她提出一個比較有效的做法——**看很多
次，做很多次，只教一次。**

到了第二級**模式**，你會看到比較一貫的模式，經常無法交
差，因此你需要投資較多訓練的時間與心力。要解決這些未達成
的期望，有很多事情得做，而不只是如我們在零售店所見的店員
與店長，只要示範與練習就行。你必須使用顯著的教練與意見回
饋的方式，才能讓人做得好。

【案例：外部教練的監督】

我們有位客戶名為提姆（化名），他有一位能力很強的組員
傑（化名），並任命傑為資深管理團隊的一個重要專案的專案經
理。這是傑第一次有機會領導一個團隊，進行一個如此要緊而且
必須注重時效的專案。但是，讓提姆不悅的是，他發現傑不願讓

人知道專案的最新進展。

　　傑看起來幾乎讓專案進度保密到家，只有在提姆要求的時候，他才會提供最新資料，而且資訊根本不足以讓提姆滿意，也不足以讓他安心相信這個團隊真的可以準時完成專案。提姆試了好幾次，針對資訊不足與合作不足的問題進行訓練，但是，傑對這些努力的反應不佳。

　　終於到了進行專案報告的時候，結果讓大家鬆了一口氣，尤其是提姆，因為成果很好。雖然有溝通問題，傑卻是完成了一個非常優秀的專案。然而，結果雖成功，團隊裡的每一個人卻都對傑的專案管理技巧極盡抨擊。在整個專案進行的過程裡，提姆都在嘗試第一級的訓練策略，利用教練與示範一些必要技能的方式進行，結果卻完全無效。他需要進展到第二級「模式」。

　　提姆決定運用傑的才能，在第一次成功之後，立即開始新的專案，但是傑必須先認真接受訓練。為了達成這個目的，提姆請了一位外來的專案經理來擔任傑的教練，一邊隨著專案的開展，帶著他一步步前進。

　　事實上，提姆聘請了兩位外來的教練，一位協助傑改善專案管理技巧，另一位讓他了解為什麼管理高層想要看到一份兩頁長的執行摘要，而不是一份長達五十頁的細節報告。傑的接受度很高，而且覺得受寵若驚，因為公司為了他的職涯發展而做此投資，而且他將再次監督一項能見度高且重要的公司專案。這一回，從專案管理的角度來看，計畫的進行比較順利——報告很清楚簡潔，內容很豐富，在期限內完成，管理團隊不僅讚美最終結果，也讚賞傑的工作與交出成果的方式。

　　到了第三級**表現**，一種嚴重的問題模式持續存在，顯然此人再不培養出更強的能力，就無法成功。

　　你也許會覺得很想直接跳到第四級**安置**，勸說這些績效不佳的人離開組織；但是，在這個中等層次的問題，運用訓練可以讓你有所收穫，雖然稱不上立竿見影。這個階層的「未達成期望」可以啟動教練工作，不只是針對問題或該模式，還應該要針對整體的表現。由於在職訓練與外部教練都無法解決問題，這個階層的人也許會需要在公司外進修，由專業組織提供訓練課程，以及下班後大量充實知識。

【案例：山頂洞人進化為數位新移民】

　　瓊安（化名）是一家成長快速的公司行銷部經理，她對於最新的網路行銷幾乎一無所知，因為她從來沒有接受過任何相關訓練，而這是個急速變化的領域。從平面的實體行銷到網路的虛擬行銷的變化發生得實在太快，她就這麼和它擦身而過。她知道，自己不可能從工作中學到公司要求她務必學到的一切。她要做的是，尋求外部協助；如此一來，她才能安然從事各種與網路行銷相關的工作，比方說，架設官方網站、搜尋引擎的關鍵字行銷、電子郵件廣告與線上座談會。

　　瓊安顯然需要第三級**表現**的訓練，因此，公司投資外部協助。她得到業界專家的教練與教導，以及外部供應商提供有關最佳實務的忠告，而這些人對於網路行銷的比稿都有深入的了解。同樣重要的是，她投資上班前或下班後的個人時間進修網路行銷，讓自己能夠加速提升相關技能與知識。

當她得到知識之後，就把日常工作遇到的網路行銷當成貨真價值的實驗室進行實驗，應用所學。

最後，她現在擁有的網路行銷知識，已經比大多數給她建言的外部供應商更豐富。到了這時候，她的主管相信，經過重新受訓的瓊安已經不可同日而語，他們再也請不到任何還能為她增添新知的網路行銷大師。公司看見了兩大收穫——公司迫切需要增加的新能力，以及瓊安得到的新技能。

第四級**安置**包括那些全無回應的人，你曾經試著培訓他們，但卻全然失效。

他們持續無法交差，因此只剩下最後一條路——訓練他們，等他們具有其他能力之後予以調職。你可以將他們調到另一個比較適合他們能力的工作，或者，如果這似乎對此人或組織而言都不合適，你可以運用組織接受的程序與政策，勸他們離開組織。

【案例：從問題兒童到績效明星】

麥克·史耐爾（Mike Snell）是我們的出版經紀人，他曾經是一家出版公司的經理，他跟我們提到，有一回他運用教練技巧，為老闆勸說一位員工調職。

當時，他和一位剛剛升任的總編輯傑克（化名）共事，傑克沒什麼耐性用一字一句的方式撰寫一份文稿，但是，這卻是編輯最主要的才能。

其實，傑克善於定義一本新書的使命、特點，以及讀者閱讀此書的好處。

　　因此，麥克並沒有勸說傑克到另一家比較適合他一展長才的公司，而是說服自家公司的行銷部，讓傑克有機會透過內調從事行銷工作。

　　短短幾個月的時間，傑克不僅得到新職位，而且，從編輯部的「問題兒童」搖身一變，成為行銷部的「績效明星」。

　　一旦你找到有意願，樂於當責又有能力的人，而他們只是需要正確的訓練就能夠交出你要的成果，就能以「訓練啟動器」幫助你找到合適的人才進行投資，以培養他們的技能。訓練啟動器讓你可以想透「究竟需要什麼，才能幫助人們成功？」而且能刺激人們找出自己需要加強培養哪些方面的能力或知識。

　　在訓練員工的問題上，你為什麼要進行檢討？尤其是當你已經是個高階經理人，那已經不是你的工作職掌範圍？無論你在你的工作環境裡的地位有多高，你只要有能力判斷訓練是管理未達成期望的績效改善解決方案，提供訓練機會給與你直接共事的人，就可以強化你的組織取得成果的能力。談到管理未達成的期望，訓練啟動器可以幫助你判斷需要做些什麼——無論是你自己去做，或是向外尋求協助——才能夠幫助你的期望鏈上的任何人加強他們所需的能力，以交出你想要的成果。

訓練加速器

　　了解如何加速你的訓練過程，使它效益更高，這可以使你大蒙其利。我們建議四項訓練加速器（Training Accelerators）幫

助你做到這點：要求全心投入接受訓練、順暢的溝通、幫助人們應用意見回饋，以及讓他們看到你想要什麼？

要求全心投入接受訓練

假如訓練無法產生回報，就沒有任何公司會想要從事這項投資，讓個人或整個組織接受訓練。但是人們儘管接受了訓練，有很多時候卻沒有真正將它用在工作的實務上，這點令我們相當訝異。

派柏代恩大學格拉茲道商管學院（Pepperdine's Graziadio School of Business and Management）的馬克・艾倫（Mark Allen）博士所說：「研究顯示，由（訓練與教育）學程中取得的工作相關技能與知識中，高達60%到90%都沒有用在工作上。如果美國投資在訓練上的六百億美元當中，75%都浪費掉了，那就表示我們一年就浪費了四百五十億美元！」

埃森哲公司進行過一項類似的研究，顯示87%的經理人對訓練成果都不是「非常滿意」。顯然大多數經理人相信訓練的價值，卻往往質疑它的執行與貫徹實施。

在解決未達成期望的問題時，要使訓練發揮最大的效果，你就必須先確定人們已經做好完全的準備。我們時常假設人們已經全心投入地學習，事實上這種情形並不存在。因此，要事先讓別人全心投入，承諾將訓練應用在實務上，這就可以加速他們取得成果的能力。進行訓練時，你必須集中精神將學習效果極大化，這是你的終極目標。

老農夫說得有道理：「我們得叫你來學學如何為乳牛擠奶才

行。」用我們的所知教導別人是一回事，要他們來學習又是另一回事。

　　以個人的層次來說，要求人們全力投入接受訓練，就表示要創造當責，貫徹執行。你可以使用當責流程外環步驟取得這項承諾。形成有關訓練成果的正確期望，然後刻意進行溝通、校準與檢視該期望。在某個程度上，它就可以確保人們全心投入，貫徹運用他們在訓練中的所學。

順暢的溝通

　　訓練工作最大的傷害莫過於無效的溝通。換句話說，清楚的雙向溝通可以讓你在訓練上的努力及早開花結果。要使你的溝通無礙，就得讓訓練者與學習者先思考如何傳遞及接受訊息——聆聽，就像說話一樣重要。有效溝通能夠加速訓練過程，對於那些想要扭轉「未達成期望」的人來說，也能更快改善他們的能力。

　　事實上，多數人的聆聽能力並不好，你自己的經驗或許也是這麼告訴你的。這種情形其實很普遍，因為，**每一個人都會透過自己的信仰與過去的經驗，過濾自己聽見的話。**我們也都會把自己的某些特質帶到與別人的互動之中，例如一心多用（其實沒有專心聆聽）、接著別人的話往下說，或是聽別人說話時，一面在腦子裡模擬演練自己等一下要說的話。

　　在大多數的訓練場景中，我們都注意到，人們聆聽的效益，和他們是否快速採行你要他們聽見的事項之間，有很清楚而直接的關聯。

　　人們聆聽的習慣不盡相同，不過我們漸漸相信大多數人都屬

於這兩種之一──字面型聆聽者（Literal Listener）與象徵型聆聽者（Figurative Listener）。字面型聆聽者聽見別人說的話，專注於確實的字眼。這沒什麼不好，但是當人們太過注意真實的字句，也許就無法完全了解說話者真正的意圖。

例如，珍對羅伯特說：「那個備忘錄寫得太差，你何不乾脆扔掉？」

羅伯特遵照指示將備忘錄撕成碎片，卻不明白珍的意思其實是「你應該要重寫一遍」。

象徵型聆聽者比較能聽見話中的概念，而不會去注意明確的細節。這也沒問題，但是如果人們只聽到話中的「精神」，而沒聽到「字眼」，他們可能會錯過珍給羅伯特的訊息中的重點：「如果你加進一點事實支持你的結論，你的備忘錄會更清楚一點」。

羅伯特也許會再加進一些自己的意見，卻不會加上珍真正想要的事實資料。

因此，人們也都會習慣於採用字面型或象徵型的溝通方式。字面型溝通者（Literal Communicator）會試著精準地說出自己的意思，字字斟酌、非常小心。他們要聽者聽見他們說的一字一句。相對的，象徵型溝通者（Figurative Communicator）不會精確表達自己，也不大注意細節，而比較重視他們想要傳達的整體概念。你在判斷自己的聆聽與溝通風格時，不妨考慮以下特性。

【表8-1：比一比！兩種聆聽風格】

字面型聆聽者	象徵型聆聽者
精準聽見別人所說的話	聽見別人言語背後大致的意思
懂得以提問釐清別人真正的意思	只要意思清楚，通常不會提問
會注意文字的意義	注意訊息背後的感覺與情緒
相信表面上的溝通	尋找弦外之音
較少過濾溝通狀況	較為仔細過濾溝通狀況

【表8-2：比一比！兩種溝通風格】

字面型溝通者	象徵型溝通者
字字斟酌，以反映準確的意思	使用言語表達他們對該主題的感受
會在他們的指令中強調細節，不容意外發生	以概念談論該主題，提供「大方向」的觀點
喜歡簡短而有重點的溝通	喜歡較冗長而投入的對話
期待別人確實做到他們交待的事	期待別人想出該做什麼
認為溝通是一種戰略，是為了傳遞資訊	認為溝通是為了培養默契，與人建立關係

　　談到訓練，必須先了解你自己和受訓者的風格，將有助於讓你們溝通無礙，免除許多挫折感，加速改善的進程。你可以想像，最嚴重的挑戰是，當一個字面型溝通者遇到象徵型溝通者（反之亦然）。

　　我們都會把自己的風格投射在別人身上，假設他們的聆聽與溝通方式和我們一模一樣，事實上，也許正好相反。無論你處於訓練或受訓的哪一方，都必須將這一點考慮在內。

幫助人們應用意見回饋

我們在顧問與訓練工作上，只要碰到取得成果的問題，就會強調意見回饋的重要。如果你希望追加的訓練可以有效應用在你的期望鏈上，適合的好意見將大幅增進改善的速度。過去二十年來，我們在世界各地的每一個工作階層與產業裡，為數百家組織的成千上萬員工執行意見回饋的程序。那個經驗給了我們若干重要的課題。

【祕技：意見回饋的十個技巧】

1. 有心，才會有意見回饋。
2. 人們往往在一段時間之後，就閉上嘴巴不再發表任何意見，即使他們以前曾經時常表示自己的看法。
3. 給予讚賞式的意見較為容易，忠告式的意見較難傳達。
4. 如果沒有一些追蹤的動作，人們往往不會針對意見回饋採取行動。
5. 過濾意見比較容易，接受意見比較難。
6. 人們接受意見回饋之後，如果能夠應用，看見意見如何影響到他們的成果，就會比較能夠全然了解與欣賞這些意見。
7. 人們有所改善之後，意見回饋的地位便降低，因為他們假設它已經沒有必要。
8. 人們很難知道如何回應他們收到的意見回饋。
9. 人們通常會害怕收到忠告式的意見回饋，因為他們視之為批評，而不是有正面幫助的意見。
10. 人們很難給予及接受意見回饋，但組織總是會低估這點。

　　我們曾經共事的一位很成功的高階經理人告訴我們，在他看來，**他認為在職場上，能夠給人們直接誠實的意見回饋，尤其是意在幫助他們改善績效表現的意見，這是對其他人最高的尊重。**我們喜歡他以下的說法：

　　「你覺得，在某人背後發表你對他的意見，這表示尊重嗎？

　　你覺得，跳過某人，直接找他的主管越級報告，這表示尊重嗎？

　　或是，你去找某人的同事們放話爆料，希望這些人附和你，難道，這也表示尊重嗎？

　　我時常提醒自己，當面傳達一個讓對方很不舒服的訊息，是我對他展現最高的尊重。

　　我這麼做的時候，是把自己的恐懼擱在一旁，以他們的需求為先，跟他們說他們必須聽到的話。當我提出一個難以開口的訊息時，我學會處理自己心裡的不舒服，而且，有話直說、絕不拖延。因為，**直言不諱，是尊重對方最好的方式。**」

讓他們看到你想要什麼？

　　為了加速訓練，你還可以表示你確實想要你的人手做些什麼。如大多數學習經驗，人們學得最好的時候，是有人**示範**給他們看怎麼做某件事，而不只是口頭說明。「五 D 快速訓練模型」（5 D's Fast Training Model）是一些簡單的「做而不說」的步驟，任何人都可以用來訓練別人，提升他們的能力層次。

　　假設你的期望鏈上的人發現別人無法交出你想要的成果時，你想要教他們如何以比較坦誠的方式教練這些人。

　　首先，你利用他們工作上的實際狀況，描述該怎麼做。然後你利用你自己工作上的類似狀況，親自示範做法，或是用角色扮演的方式，讓他們知道如何和他們需要教練的人對話。

　　接下來，你要鼓勵他們自己嘗試，實地進行你所建議的對話。理想上，你要親眼看見。否則，你至少要知道它進行的情況如何，而且無論是哪一種情形，你都要提出意見回饋，包括讚賞式與忠告式的意見，幫助他們下次做得更好。最後，他們繼續練習將自己的所學應用出來，而你則是繼續監控他們的進展。你也許會需要數度重複這個循環，但是長期下來，你會看到它大大加快了學習過程。

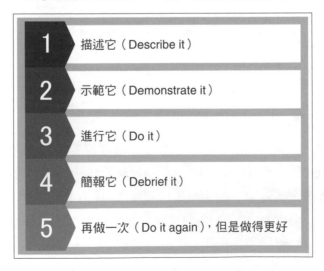

【當責管理模型16：五D快速訓練模型】

1　描述它（Describe it）

2　示範它（Demonstrate it）

3　進行它（Do it）

4　簡報它（Debrief it）

5　再做一次（Do it again），但是做得更好

　　許多時候，這類模型可以提供的訓練，是你無法用其他方式

能夠輕鬆達成的。人們不想過於依賴以示範的方式，教導位於期望鏈上的人們學習行為與技能，這件事情讓我們覺得很難理解。它在日常生活中就運作得很好，而且，即使是最複雜與強調技術層面的工作環境裡，也是一樣管用。

當責實況檢查

使用訓練方式管理未達成的期望時，要提高你的覺察力，得先花點時間找出一個狀況，了解你的期望鏈上的人為何令你失望，而無法達成你的期望。不見得是滔天大罪，卻一定是代表績效與成果令你失望的某種狀況。訓練有助於改善這種狀況嗎？如果不能，再想想另一個在訓練之後可以改善的情形。你要選擇哪一個層級的訓練進行補救，第一、第二或第三級？你決定了層級之後，便和相關人等好好坐下來，開始進行當責對話。讓大家同意訓練將有助於解決問題，並討論究竟哪一種訓練的效果最好。外環的步驟可以幫助你形成、溝通、校準並檢視最佳期望。訓練開始之後，必須追蹤進程，並針對訓練的價值與你應扮演的角色詢問意見回饋。假如在正確的時間進行正確的訓練之後，還是無法大幅改善你想要的績效與成果，就會讓我們覺得很訝異了。

訓練風格

就跟其他事項一樣，你的當責風格會影響你如何處理訓練的解決方案。較偏向控制與強迫風格的人，會覺得花時間去訓練別

人是一種有問題的投資。要放慢下腳步去訓練某人,而且可能要親自示範自己想要的行為或技能,這看起來也像是一件會令人分心而且煩人的事。尤其是到了第三級的介入,通常你個人必須投資較多的時間與心力。

然而,在培養個人與組織的能力上,如果能有些耐性,將能夠使你大有斬獲。假如你的方法通常反映的是比較控制與強迫的風格,你也許最好能夠多點耐性,覺察到訓練總會幫助你得到想要的成果。那些傾向於控制與強迫風格的人最好能夠加強溝通,對意見回饋表示歡迎。他們往往不了解人們會覺得他們的風格有點嚇人,因而怯於提供建言或直接發表意見。每當你表示你真的想要坦率的意見回饋時,大家就能夠比較自在地告知你需要知道的事,即使不是好消息。

偏向等待與旁觀風格的人可以完全理解這一點——應該要有機會訓練別人,讓他們成長。但是他們也許不會徹底追蹤,確保人們一定會應用自己的所學。換句話說,等待與旁觀的人通常很樂於提供支援,卻不善於追蹤人們是否確實將他們的訓練成果用在工作上。採取一種結構比較完善的方法,使用外環的步驟執行訓練的解決方案,那些等待與旁觀風格的人會比較能夠掌握訓練的過程,投資的時間與金錢也才能夠有較大幅度的回收。

等待與旁觀風格的人,或許比較不能有話直說、給予及時的意見回饋。而當他們真正提供意見時,可能因為不夠坦率與迅速,讓人覺得不大受用。他們不想冒險傷害別人的感情,只想和人們維持融洽的關係,因為他們認為這是使人發揮才能的最佳方式。

　　然而，等待與旁觀風格的人應該要了解一件事情，那就是如果他們能夠在必要的時候，直言不諱、有話直說，才是幫大家的忙，也是能表現你對他們最高的尊重。這麼做，能夠幫助他們運用意見回饋，加速訓練後的績效改善。

訓練建立責任感

　　當你在正確的時候提供正確的訓練，人們通常會有所改善，他們交出你所期待的成果。先了解應該採取哪一種方式介入才能成事又成局，然後適度介入，這對你管理「未達成的期望」會有很大的幫助。你甚至可以考慮讓自己接受更進一步的訓練，好讓你能夠繼續達成別人對你的期望。訓練可以逆轉「未達成的期望」，任何體驗過這點的人都明白，訓練可以建立當責。當人們了解如何使美夢成真，他們就會期待它能夠一再成真。

　　下一章的主題，就是確保高度的個人當責，那是當責對話解決方案中的第三項。

第八章小結：正面又合理的方法

簡述訓練解決方案中的方法與概念，提醒你如何藉由訓練，進而幫助人們交出符合期待的成果。

能力階段

訓練別人想要獲得成果，訓練者和受訓者都必須從「不知不覺」前進到「能夠覺察」，那是能力的最高階段。

訓練啟動器

啟動四個不同層級的訓練，包括問題、模式、表現與安置。

訓練加速器

四個訓練加速器可以加速進程：

1. 要求全心投入接受訓練；
2. 順暢的溝通；
3. 幫助人們應用意見回饋；
4. 讓他們看到你想要什麼？

聆聽風格

兩種聆聽風格包括「字面型聆聽者」與「象徵型聆聽者」。了解受訓者的聆聽風格是什麼，這將有助於讓你修改

你的方法，加速學習的進程。

溝通風格

　　兩種附帶的溝通風格包括「字面型溝通者」與「象徵型溝通者」。針對你所訓練的人，調整你的溝通風格，這也有助於加速學習。

五D快速訓練

　　五個簡單的步驟，讓你把自己的武功教給其他人：

1. 描述它；
2. 示範它；
3. 進行它；
4. 簡報它；
5. 再做一次，但是做得更好。

第9章 ｜ 創造當責

如果個人當責是解決方案

有時，人們之所以無法達成期望，是因為個人當責不足，造成無法克服障礙以決定自己「還能多做什麼？」達成想要的成果。即使是動機很強，也受過良好訓練的人，也可能會欠缺個人當責。

事實上，我們在過去二十年來，有許多工作都是為了幫助個人與組織，使他們學習如何更進一步積極賦權，採取具有生產力的個人當責以交出成果。那是內環中，處理未達成期望的一項解決方案；而且，如同我們在《當責，從停止抱怨開始》一書中強調的，它可以從一開始就能避免許多問題的發生。

世界各地有成千上萬的個人與團隊都用過《當責，從停止抱怨開始》一書中的奧茲法則（The Oz Principle），在他們的工作與生活中創造更高的個人當責。那本書呈現的是——並非出了狀況時才需要當責，而是一旦任何一件新的任務出現，你就必須隨時當責。**真正負責任的人不會問：「這個問題我該怪誰？」而是問：「我還能做什麼，才能取得成果？」**積極當責，

【當責管理模型 17：當責步驟】

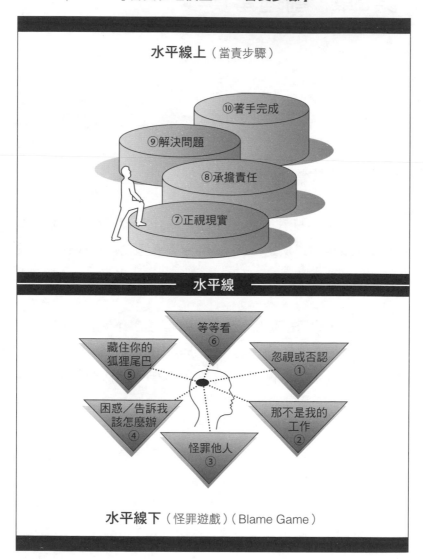

水平線上（當責步驟）

⑩著手完成

⑨解決問題

⑧承擔責任

⑦正視現實

水平線

等等看 ⑥

藏住你的狐狸尾巴 ⑤

忽視或否認 ①

困惑／告訴我該怎麼辦 ④

那不是我的工作 ②

怪罪他人 ③

水平線下（怪罪遊戲）（Blame Game）

使得人們可以把自己提升到眼前面臨的問題之上，解決困難、克服阻礙。《當責，從停止抱怨開始》中的「當責步驟」（steps to accountability），涵蓋了這種個人當責的精髓。

圖表上半的「水平線上」，是人們採取當責步驟正視現實、承擔責任、解決問題並且克服一切困難，著手完成、交出成果。

正視現實的方式，是不管自己是否同意，積極取得別人的觀點，聽見那些看法。這麼做，可以讓他們比較能夠承認現實。

承擔責任是讓自己面對的狀況和採取的行動產生關聯。

解決問題包含切身地、持續地問：「我還能做些什麼？」

著手完成是要求人們言出必行、說到做到，絕不因為失敗而怪罪別人，採取行動改變現狀，向前邁進、交出成果。

圖表下半部是「水平線下」，在這裡，人人參與「怪罪遊戲」，為無法交差與達成期望尋找各種藉口，為自己的無為與缺乏進展辯解，說這一切都不是他們所能控制。

在這裡，他們因為無力感而憔悴，他們無法改變環境，也無法前進開創新局。當人們淪落在水平線下，他們無法為自己的處境當責，怪罪別人讓他們無法進步。他們無法交出符合期望的成果，只能交出藉口與解釋，說明哪裡出了問題。

然而，要注意的是，偶爾掉到水平線下並**沒有錯**；事實上，那是人性。我們全都會定期落到水平線下。重要的是，你要察覺到自己已經落入水平線下，而且要提醒自己，儘快回到水平線上。因為，**想要交出成果，你就必須待在水平線上，而在水平線下的時間，必須愈短愈好。**

　　我們大多數人每天都會發生「水平線下」的態度與行為。最近我們有一位客戶覺得很沮喪，因為他發現了他稱之為「扼殺交出成果的每日一帖」，他憶起一個經驗，可以清楚說明這句話：

　　「我大約在清晨七點，到一家自助式餐廳去買一杯咖啡和貝果（bagel），排在我前面結帳的一名男子也買了貝果，他跟櫃檯的服務生說：『沒有花生醬了。你們後面還有嗎？』

　　「櫃檯的服務生說：『啊，那位負責挖花生醬的太太今天沒來上班，所以我們今天沒有花生醬。』

　　「聽見她這麼說，我的盤子差點掉在地上。不久之後，我發現這就是自助式餐廳工作的方式；也就是說，做披薩的人如果休假，那天他們就不賣披薩！」

　　當人們盲目地選擇活在水平線下，就會產生這種不可思議的匱乏特性，上述的例子就充分顯出這種特性。

【案例：對女工來說，桶子實在太高了】

　　另一個例子，一位名為泰麗（化名）的財務長在調查過最近重建的裝配線之後大吃一驚，因為這條生產線的品質與產量都大幅衰退。公司雖然投下鉅資採購新設備，維修舊設備，為工人重新安排座位，實施新訓練，結果數字還是很難看。

　　「怎麼搞的！事情怎麼會變成這樣？」泰麗問。

　　「去怪管理階層！」前線的員工堅持道。

　　泰麗看見大家都只是浪費時間玩著怪罪遊戲，洩氣之餘，她決定發現真正的問題、直搗問題核心。

　　泰麗做了原本並非財務長該做的事──她直接到工廠，找一位直言不諱、有話直說的資深裝配工，那名女工在公司待了很多年，切身了解問題所在。

　　「產量為什麼降低？」泰麗問。

　　這位資深的女裝配工用手指著生產線，用一個問題回答她：「妳看到了什麼？」

　　泰麗說，她看見很多女工把東西裝起來。

　　裝配工搖搖頭，說：「妳再看一次，尤其是零件桶子和女工的高度。」

　　泰麗無法相信自己的眼睛。泰麗迅速推測出，維修廠房的工人大多是男性，他們設計安裝新生產線時，放置的桶子高度讓女工──大多數工人都是女性──無法輕鬆拿到零件。泰麗看著女裝配工爬上梯子，伸手進桶子裡拿她們需要的零件。於是泰麗和生產線的工人一起行動，二十四小時之內，就讓維修工人將桶子降低到工人的高度，也撤走了梯子。生產力立即獲得改善。

　　我們時常在組織中看到這種情形。生產線上的工人覺得很沮喪，因為沒有人直接找他們談問題；管理階層很灰心，因為他們看不到自己預期的投資報酬率。每一個人都在水平線下徘徊，一直到財務長親自走到水平線上，提出這個問題：「**我還能做些什麼？**」真正的問題才得以解決。

　　無論你是在自助餐廳處理花生醬，或是處理裝配線上的零件，當你幫助人們當責，就是在幫助他們克服猶豫與停滯（猶豫與停滯是水平線下的行為特色）。取而代之的是水平線上正向的

態度與積極的行動，這才能夠交出符合期望的成果。

【案例：我只是個過客，而不是主人？】

那也就是女人服飾（The Women's Boutiques，化名）的地區經理珍妮佛（化名）所做的事。女人服飾是一家全國知名的連鎖店，他們進行了一項婦女的套裝比賽（Suit Contest，化名），這項促銷活動進行了數星期，其中包括一項競賽，比一比誰賣的女性套裝最多。珍妮佛的地區包含了十家零售店，他們在比賽中，總是穩拿最後一名。更慘的是，她的地區的整體銷售成果也總是平平。

她跟我們談到她在這項比賽中的經驗時，說她曾經詢問她店裡的銷售人員，為什麼成績這麼差，他們在回答時，總是怪罪經濟太差、天氣太熱、客人太挑剔。

她承認，她總是覺得他們的解釋很有說服力。

在一次相當激烈的辯論當中，有人問她，公司為什麼不能要求她當責，達成公司的期望時，她辯稱：「我就是沒辦法在內華達州這種地方賣套裝啊！」

接著她說明她的新區域經理通知她，公司正在評鑑所有的地區經理，並且要排出名次。他說，公司所有的經理人都會落入兩種類型：「主人」和「過客」。

接著他深深看著她說：「不幸的是，珍妮佛，妳是個過客！」

珍妮佛對此大感驚訝，她為女人服飾工作好些年，始終覺得自己是個能幹的經理人。

「為什麼？」她滿腦子疑問：「他們把我挑出來，卻說我不

是公司的主人？只是個過客？」

　　後來，她才明白，這是她此生所聽見最好的當頭棒喝，也正好是她需要聽到的話，此刻恰逢其時。

　　珍妮佛決定採取當責，於是開始認清，她之所以無法達成別人對她的期望，是出自於她無法讓她這地區的夥伴當責，交出符合期望的成果。珍妮佛下定決心前進到水平線上，於是著手工作。

　　她從她的團隊裡最常失敗的部分開始著手，也就是年度套裝比賽。她小心幫助她的店長們了解，只要他們當責，前進到水平線上，就可能發生什麼情況。

　　她說，真是佩服那些店長們，因為他們和自己一樣，都習慣使用藉口推託，使得無法取得比較好的成果。接著，她讓夥伴們做出承諾，當他們落入水平線下，大家必須彼此打氣、正視現實、承擔責任、解決問題、著手完成。

　　她指定著手進行「貴賓行銷」（VIP Sale），拉下店門以封館方式讓這群VIP客戶不受打擾盡情購物，又能享受誘人的折扣——做為改善他們在套裝比賽成績的主要活動。她告訴她的店長們，這項活動可以為他們的地區帶來很好的業績，或者突破過去的紀錄。她說：「讓我們出去大顯身手一番！」

　　過去，珍妮佛在比賽中，總是依賴她的店長們每星期自己主持一次貴賓大會，卻不去幫助他們當責、也不為活動的成功做主。

　　珍妮佛也開始自問：「我能多做什麼以交出成果？」

　　她開始到每一家分店巡視、提供訓練，協助主持活動的店長

們，將她的意見聚焦，讓大家知道「我能多做什麼？」讓這些VIP客戶覺得這項比賽很刺激。

她很高興發現她的店長們並不排斥她到店巡視、也不覺得好像被她打擾，其實，店長們很歡迎她在場；而且，她顯然是用心要讓這「貴賓銷售」成為年度最重要的活動。他們向來視這項活動為一件「例行公事」，現在，它已經變成他們在套裝比賽中贏得勝利的基本計畫。

珍妮佛注意到她的團隊有了顯著的進步。就連那些過去對比賽頗有微辭的人，也能卯足全力，顯示他們也關心自己的地區在比賽中的名次。

貴賓行銷的策略大有斬獲，而且，這項成功點燃整個地區脫胎換骨、洗心革面的引線。珍妮佛接受一位員工很有創意的建議，在每一家分店裡裝了一個「思考盒」（Think Box），人們可以想想「整個地區還能做什麼，才能促進地區的業務？」，然後，把自己的點子放進思考盒裡。

於是，人們開始全心投入，思考如何吸引更多顧客進入刺激的促銷活動中，比方說，讓他們有機會贏得一隻Fossil手表，或是只要花一美分就能買到一件套裝。珍妮佛繼續和她的店長們一對一地見面，於是他們落到水平線下的時候已經不多，也不再是常態了。

水平線上的思考感染了大家，店內人人就戰鬥位置，全力投入，要令人刮目相看。

珍妮佛跟我們說這故事時，剛從女人服飾的年度領導者會議中回來，她的地區在為期四周的套裝比賽中拿了第一名。這讓她

覺得很高興，但是，會議上的另一件事情讓她更覺歡欣。她的區域經理恭喜她從困獸般的「過客」角色，變身成為企業中流砥柱一般的「主人」。她繼續告訴我們，高階主管甚至邀請她在會議上，告訴其他的地區與區域經理，她是如何造就她那個地區的轉變。

她起身演講時，語重心長地說：

「你們有很多人都認識我。我在公司十二年，從來沒在公司舉辦的任何比賽中拿到第一名。但是我要告訴你們，今年是什麼改變了我。我將我學到如何讓人當責的方法應用出來，它改變了我的一生。」

過去二十年來，我們一再看到這類情形。有許多優秀的組織在他們那一行都做過重要的貢獻，卻發現他們再也無法進步，達不到目標數字，但是他們協助自己的部屬當責之後，就能得到可觀的成果。

面對無法達成的期望，最好的解決方案，就是讓人們走回水平線上，讓他們個人為自己的處境當責，克服障礙，並且自問：「我還能做些什麼？」

個人當責，讓人們擁有解決問題的積極正面的心態，在設法前進求取成果時，他們也會變得更有本事，更有想像力。

《當責，從停止抱怨開始》一書中，定義當責為「自我提升到水平線上，展現交出成果所需的自主態度——正視現實，承擔責任，解決問題，著手完成。」就像《綠野仙蹤》（*The Wizard of Oz*）裡的角色，人人都有能力找到他們所面臨的問題的解決

方案,克服他們似乎無法控制的困境。我們的經驗顯示,幫助人們為自己的處境當責,了解他們還需要做什麼才能取得成果,就可能創造奇蹟。

【案例:當我們站在一起】

我們和一家大型的連鎖速食店BGC(化名)合作時,曾經聽到他們的執行長尼爾森(化名)跟他的管理團隊說了一句我們永遠難忘的話。

他和團隊成員談話之前,先讓他們看一段一家有線電視臺很受歡迎的新聞節目,該節目曾經採訪過他。在這段新聞裡,記者描述採訪尼爾森的過程時說:

「你知道,我最近採訪過BGC的執行長,他從頭到尾都在說經濟低迷對他們公司的打擊有多麼沉重。他們的執行長在我們的整段對話裡,都在抱怨他們的處境有多麼艱難。」

新聞主播接著描述他和BGC最主要的競爭對手之間的對話。「我跟他們的死對頭之間的對話就截然不同。我跟他們的執行長談話時,他並不認為他們運作其中的環境有什麼問題。他們的整個組織,都在思考他們能多做些什麼以創造成長的機會。這就是為什麼他們的業務蒸蒸日上。」

記者結束這段節目時,總結他的觀察:「這些公司的股東才不管他們的食物好不好吃。他們只在乎那些領導者在眼前嚴峻的經濟情勢當中,要怎麼樣領導他們的公司取得成果。」

現在,尼爾森知道他讓整個領導團隊看見這個節目是冒著極大的風險,但是在螢幕暗了之後,他站起身說:「這家有線電視

新聞的記者說得對。我身為執行長，卻淪落到水平線下，我必須跟你們道歉。我必須回到水平線上，向前進，我需要我們整個組織和我站在一起，提出這個問題：『我還能做些什麼，把事情做對、做好？』」那是一個感人的時刻，同時也是該公司的一大轉捩點。

管理當責電流

當責電流（Accountability Current）在每一個組織之內流動，穿越每一條期望鏈。這道電流是當責力量的流動方向，它可以指出當責「始於何處？流向哪裡？」它可以從上順流而下，也可以從下逆流而上。換句話說，當責能以你為源頭或者從別處流向你。

當責電流朝你而來時，你知道你真的可以駕馭當責的力量。那表示期望鏈上的人（對一個組織領導者來說，那就包含整個組織）都能夠當責而達成主要期望，他們會自動自發，運用自己的精神與力量，適時回報、提出議題、解決問題，以及整體而言都能達成目標成果。

由上而下的當責，造成位於期望鏈上線（期望源起之處，詳見【模型7】）的人，都忙著調整組織內的所有重要活動，每一道流程都需要流程控管。在由上至下的模型裡，期望鏈上線的那些人都變成了流程控管者，以確保每一個人都能當責。那些控管流程的人工作勤奮，密切監控所有的人和計畫，因此，最後往往他們覺得自己彷彿是唯一為成果當責的人。如果他們放手，當責

【當責管理模型7：期望鏈的上線與下線】

電流就會停止流動，當責流程陷入崩潰。唯有當他們回頭重新監管，當責才能夠再度產生效果。

由上至下的當責電流有什麼問題？在期望鏈下線（指的是位於期望鏈上線者仰賴完成期望的人們，詳見【模型7】）的每一個人，可能覺得似乎他們必須遵守來自於期望鏈上線的命令，否則後果不堪設想。當必須負責達成期望的人有這種感覺，就很可能會輕易做出結論，比方說，萬一事情出錯，期望鏈下線的人就必須當責。人們比較容易抗拒避免這種「你要我做，我就得做」的當責，因為他們覺得它有種壓迫感，所以一心想要逃避責任。

當情況惡化，變成可能造成進度癱瘓的問句：「請你告訴

我，我究竟該做什麼？」的運作模式之後，位於期望鏈下線的人，往往感覺到自己失去某種個人的自由與選擇。你可以看見明顯的風險——人們放棄自己的個人當責，將它交給那些位於期望鏈上線的人，因為他們顯然往往獨自一人孤軍奮鬥，想要在組織裡創造當責。

就我們看來，由上而下的當責，已經成為太多組織文化的常態，而它卻造成我們在世界各地看到的當責危機。

我們在本書一開始曾經描述，**也許在過去，舊式的命令與控制的威權式管理可以讓組織運作良好；但是，在今日複雜而瞬息萬變的世界裡，命令與控制卻無法產生成功所需的個人自主感與投入。**

由下而上的方法需要在一開始投資較多的時間，長期下來，卻會產生豐碩的報償，因為當人們投入當責時，位於期望鏈上線的人們就能省下許多精神與心力，卻還是能夠在整個組織裡維持成果的產出。

當責電流由下往上的時候，人們會採取當責，主動向上司、團隊成員和同事回報。於是，追蹤成了根深柢固的習慣。他們不會只是坐在那裡，痴痴地等著別人做些什麼，而是一開始就能夠主動掌控。這種強大的當責力，並非源自位於期望鏈上線的人們，而始於個人當責。由下往上的當責電流，讓期望鏈上每一個階層的人都會讓自己仰賴交出成果的人們當責，包括他們的上司、部屬、同事、顧客、經銷商、供應商和所有其他的利害關係人（stakeholders），我們稱之為三百六十度當責（360° Accountability）。

【當責管理模型18：三百六十度當責】

三百六十度當責涵蓋所有你要求當責的人。利用由下而上的當責電流，發揮組織的潛能，這可以創造比較有參與感的環境，讓人們能夠擁抱當責、自動自發交出成果。你的期望鏈中的當責電流是由上而下或從下往上流動？針對如下敘述，回答「是」或「否」，你就會知道答案。當然，你也許需要用概括的說法，因為在你的期望鏈上的人，並非人人都以同樣的方式運作。

【自我評量9：組織內部的「當責電流」流向何處？】

針對如下敘述，回答「是」或「否」：

_____ 1. 人們通常不會向你回報工作進度，除非你要求他們這麼做。

_____ 2. 你專注於「讓人當責」的命令，而不是使他們主動

「採取當責」。

_____ 3. 問題冒出來的時候，只要你不參與解決，人們就無
法前進。

_____ 4. 你時常覺得，整個組織裡只有你必須完全當責，才
能把事情搞定。

_____ 5. 你必須隨時追蹤，才能確定事情不會出錯。

　　要判斷你的組織當責電流的方向，上述敘述中，回答「是」
得三分，「否」得一分，參考以下表格評估結果。

【當責電流評估結果】

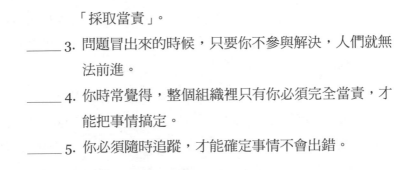

9至15分	在你的期望鏈中，當責電流的流向很可能是由上而下。這表示你為了得到當責的好處顯得做得太費力。如果你改變電流方向，也許可以事半功倍。
5至8分	在你的期望鏈中，當責電流的流向很可能是從下往上。你有效創造了個人當責的文化。你的長期成就將有賴這個文化的維持。

　　創造一個三百六十度從下往上的當責電流，將有助於你的期
望鏈上的人們在未來把工作做得更好。

　　蒙大拿人公司（PPL Montana）在該州擁有十三個發電廠，
總部在美國蒙大拿州的比林斯市（Billings），工安紀錄在標準值
以下，但是，工人的賠償金損失高達數百萬美元。因此，它的領
導階層開始針對工安的問題，要創造一個從下往上的當責電流。
最後，這項努力造成了大幅改善的工安紀錄，工人的補償金數字

也從「數百萬美元」降到「數萬美元」。這一切只是因為他們大幅提升期望鏈上每一個人的個人當責。現在,員工在交班之前,就會先做好安全檢查,找出可能導致工安事件的任何潛在問題。

在此之前,很少有人負責貫徹執行任何安全檢查。以前,一件被當成「芝麻綠豆大」的事,此時在工廠每一個階層的員工心目中,都居於最主要的地位。員工為自己的團隊與工作範圍參與安全會議,覺得自己被賦予發表意見的權力,他們表達自己的疑慮,執行有創意的建議,而這些做法往往會影響到工廠裡的每一個人。把由上而下的當責電流轉為從下往上,這項轉變幫助員工當責,將原本未達成期望——他們自身的安全與幸福,實踐成真。

現在,三百五十位工會成員中的一百五十位工人,因為擔任安全稽查而得到獎勵,他們在安全委員會裡工作,主持安全會議。

露易絲・艾蘇拉(Louise Esola)在《企業保險》雜誌(*Business Insurance*)提及這種方法,當時她在二〇〇八年的十月號裡,談到豐田汽車的解決問題專案。**「改革通常是由上而下,現在我們發現,它不只需要由上而下,還需要從下往上」。**

美國印第安納州普林斯頓(Princeton)豐田汽車(Toyota Motor Corp.)製造廠的高階主管,要求焊接車體的工人想出如何減少「上肢的損傷」,於是相關人等一律當責,在這項專案當中,他們的「心靈與頭腦」派上用場。

「由高階主管與工人組成的任務部隊,創造一項史無前例的交車系統,而將工作傷害降低了87%,」艾蘇拉說。後來,全美

各地的豐田汽車製造廠裡，都一律採取這些改變。讓員工的全面參與投入，敦促自己全心全意、全身全靈參予，才能夠解決問題、達成期望，也唯有如此，當責電流才能流往正確的方向——而當責的源頭，始於正確的態度。

三種當責態度：推諉卸責、斤斤計較、全心擁抱

　　人們接受當責的方式各有不同，而他們的當責態度也會大大影響到彼此之間的當責關係。你們之間的關係無論是在當責流程中的外環或內環，或者關係好壞與否，將會影響到你讓他們當責的能力。

　　當你面對未達成的期望時，最重要的因素就是當責態度。我們在幫助組織創造更高的當責時，找出目前一般組織中最常見的三種當責態度：推諉卸責（deflecting）、斤斤計較（calculating）與全心擁抱（embracing）。了解這些一般的態度，有助於讓你更有效管理未達成的期望。

　　這些態度描繪人們在採取當責時的一般看法與反應。當然，各種看法和反應是因人而異，也會因情況而有所不同。同一個人在某一個情況裡，也許全心擁抱、樂於當責，在另一個情況卻變成推諉卸責。換句話說，某人在工作上也許採取的是一種態度，下班後在家是另一種，在面對他們最喜愛的嗜好時，又是另外一種。你在標示某人為某種態度時當然應該要小心，因此在加速改變人們在你的組織中的思想與行為時，你會發現我們提出的三種

當責態度相當好用。

推諉卸責的人，通常不願意當責。他們幾乎隨時都在推卸責任。情況一出錯，他們就會不斷喊著：「那不是我！」或「不是我的錯！」他們大多數時間都待在水平線下，時常覺得自己受到環境的壓迫。他們不會做主向前邁進，而是傾向於採取「告訴我該怎麼做？」的模式，花最少的力量去完成計畫或任務，產出「低空飛過」卻絕不出色的成果。他們只要「剛好及格」就很滿意。

還記得那位自助餐廳的服務生搖頭說：「那位負責挖花生醬的太太今天沒來上班，所以我們今天沒有花生醬」嗎？那就是推諉卸責。

極端的情況，推諉卸責態度的人使我們想起電影《火箭人》（*Rocket Man*）中的主角。在電影中，哈蘭‧威廉斯（Harland Williams）飾演弗烈德‧蘭道（Fred Randall），後者是個討人厭的太空船設計者，當他有機會參與人類的第一次火星探險時，他的夢想實現了。在準備任務期間，弗烈德碰到一次又一次的不幸，全部都顯然是他的錯。

然而，每一次出了狀況，他就會高喊：「那不是我！」即使他在混亂的現場被人當場活逮也不例外。推諉卸責態度的人總是能夠找到否認現實的方法，說明自己為什麼不需要為任何失敗或缺乏進展負責。

斤斤計較的人，採取的是「選擇式當責」，仔細選擇各種情境，盤算自己該不該投入。有時，你覺得他們根本是推諉卸責；但是，某些時候他卻又似乎全心擁抱。是否要投資自己取決於若干變數，比方說，他們目前的處境如何？參與其中的團隊成員是

哪些人？他們個人是否感興趣？或是他們看得見的工作負荷有哪些？

當他們決定要採取什麼當責程度之前，他們會仔細考量失敗的風險，再平衡自己的興趣及欲望。別人要求他們做的事，他們總是會去做，但是從他們的工作品質和工作成果所造成的影響，你就可以判斷他們什麼時候並未使盡全力。

這種斤斤計較的當責態度，讓我們想起電影《星際大戰》（Star Wars）裡的角色蘇羅（Han Solo）。哈里遜·福特（Harrison Ford）飾演一個很難掌控的飛行員，當盟軍在火力集中發動攻擊時，他卻在東挑西揀自己要參與哪些戰役。每一項任務都會引起他自己內心深處的掙扎——到底該不該參加？或是投入到什麼程度？當他選擇為某一項任務當責時，他的表現就是英雄；而當他選擇置身事外，就會讓我們嗤之以鼻。

斤斤計較的人有時在水平線上，有時又在水平線下，在兩者之間不斷徘徊游移，也會因為踩到「線」而覺得洩氣。和這種斤斤計較的人共事，多少會覺得他們不可預測也不可信賴。處境艱難的時候，你能指望他們嗎？也許，答案是不能。

最後，能夠**全心擁抱當責**的人，通常展現既不是推諉卸責，也不是斤斤計較，而是發揮熱情為成果當責、快速投入、盡心盡力完成任務。

萬一因為他們犯錯而出了狀況時，他們比較能立即確認自己扮演的角色。因此，他們會願意冒險，即使這麼做可能導致失敗。當他們遭遇到困難的阻礙和棘手的問題，他們會不顧一切地持續前進。具備這種態度的人大多數時候都在水平線上，當然，

他們偶爾也會落到水平線下，但是會很快認清事實，自問：「**我還能做什麼？**」儘快回到水平線上。這些人無論在任何組織，任何場景中，都會表現傑出，因為他們是積極主動、成果導向的人，他們幾乎總是能夠讓好事成真。

當我們想到全心擁抱的態度，就會想起電影《豪情好傢伙》（*Rudy*），這是一部描寫丹尼爾·魯提格（Daniel Ruettiger）（暱稱魯狄）的真實故事，片中描述魯狄克服萬難，終於實現夢想，成為鹿特丹大學（University of Notre Dame）的橄欖球隊員。他面臨一個個接連不斷的挑戰，全神貫注向前推進。他總是不斷自問：「我還能做些什麼？」來解決問題。

魯狄大可以輕易在水平線下呻吟抱怨，而且覺得自己很有道理這麼做，但是，他並不會自怨自艾，而是突破困境，克服眼前的一切阻礙。魯狄代表的是能夠樂於當責、勇於當責的人，維持堅定的態度正視現實、承擔責任、解決問題、著手完成的態度，無論結果好壞，為他得到的成果當責。

當你考慮期望鏈上的人們具有何種當責態度時，不妨利用以下表格，深入了解你的夥伴們具有何種當責態度？這種態度又將如何影響他們達成期望、交出成果的方式？

你可以建議那些無法達成期望的人，要他們以這個表格了解自己的當責態度。這麼一來，能幫助他們了解改變當責態度將如何改善達成期望的能力。一旦他們了解當責對成果的影響，而且在這個背景之下檢視自己，他們就可以迅速改變自己的態度——其速度之快，也許會讓你嚇一跳。在我們的經驗裡，當人們發現位於水平線下的態度可能傷害到他們自己，而且會危害到組織整

【表9-1：比一比！三種當責態度】

推諉卸責	斤斤計較	全心擁抱
避免冒任何可能失敗的風險	仔細衡量要冒什麼風險	願意冒險，因為不怕失敗
總覺得自己像個被害人	可以看情形迅速落入水平線下	為自己的處境當責，不會因為缺乏進展而浪費時間解釋
時常在「請你告訴我，究竟我該做什麼？」的模式裡運作	工作倫理可能顯得不一致，有時克盡全力，有時則只是敷衍了事	通常採取主動，顯得神通廣大
尋找代罪羔羊掩護，出錯的時候不承認自己有任何責任	出狀況的時候，時常仔細捏造一個故事，說明為什麼不是他們的錯	出問題的時候，承認自己的錯誤
看見障礙就認為是停止繼續工作的理由	遇到障礙時，有時視為絆腳石，有時則視為挑戰，端看他們對該任務的興趣如何	把阻礙當成挑戰，他們可以很有創意地打擊這些挑戰

體的效益，他們通常就會走到水平線上，儘快採取全心擁抱的當責態度。

當責詭論

過去幾年來，我們共事的對象包括無數的組織、團隊、領導者、個人表現者與高階主管，我們看過人們在執行當責時，會和一般會出現的三個詭論角力，包括：成功詭論（paradox of success）、後果詭論（paradox of consequences）及共同當責詭論（paradox of shared accountability）。這些詭論的真相有助於

說明為什麼創造當責很難做得正確。

先看看**成功詭論**,我們共事過的許多高績效者都曾經覺得很沮喪,因為似乎他們愈是努力讓人當責,人們就愈是無法全心擁抱當責。通常那是因為他們在讓人當責(或者至少是類似行動)時,用了錯誤的方法,最後人們反而退縮而無法全心擁抱當責。

錯誤的方法包括:舊式的命令與控制法,它能夠取得的效果絕對比不上勸服法,後者可以讓人們依照他們自己的意志行事。當然,運用「外力」,你還是可以創造出某種程度的當責,但是當你離開現場,人們的當責也隨你離開而消失。只要以任何形式強迫別人,就不會真的**讓人當責**,他們只是**表現**當責而已。兩者之間有如天壤之別。

當人們採取當責時,投資的是他們的「心靈與頭腦」,表現個人自主,那是其他戰略都無法激勵出來的行為。更重要的是,即使你不在,他們還是會持續當責的行為。

【案例:我不在場時,就不會有人當責】

有位訓練有素且很有成就的領導者傑夫(化名),他在事業開始很久之後,體驗到什麼是成功詭論。他始終認為自己對人很尊重,雖然他喜歡用非正式的內部關係人脈蒐集組織的資訊,然後把它傳送給那些未曾自己取得這些資訊的直屬上司。就連他都承認,他會故意問部屬一些問題,因為他知道他們無法正確回答這些問題,藉以使他們閉嘴。

他以為,這個方法可以鞏固他的權威與信用,激勵他的所有直屬部下在和他碰面之前,先做好徹底的準備。他「製造」出來

的成果，似乎也確認他的方法是正確的。

　　他的成就贏得一連串的升遷，他的職位愈來愈高，控制的人愈來愈多也愈複雜。然而，當他進行不同任務的同時，也開始明白這種特殊的管理方式禁不起時間的考驗。於是，他建立一個制度，要求和他共事的人必須當責（正確地說，他使別人**表現**像是當責的樣子），但是，他並沒有在人們心中創造一種可以取得成果的個人自主感（他並未使人們採取個人當責）。

　　是的，人們會隨時準備好回應他的要求，但是，只要他一離開，情況就開始惡化。

　　他終於注意到一種令人不安的模式——每當他獲得升遷到一個新的階層，他的前一個職掌單位就會立刻顯現績效下降。當然，令他懊惱的是，雖然他換了一個新的職位，他還是得為前職管理的單位所交出的成果負責；但是，現在他已經在更高的職位，他已經沒有職權能像過去那般直接影響到前職的管理單位。

　　在傑夫的監控之下，他知道如何令人們當責，但是，他不知道要如何在他不在場的情況下，還能使人們全心擁抱當責？

　　最後，他終於明白了。

　　用他自己的話說，他認清：「當強迫者不在時，強迫的風格**無法**經久耐用。」那是傑夫學得的重要智慧，他明白，短期之內可以獲致成功的方法，長期下來卻可能破壞讓人當責的每一個結構。

　　第二項詭論是**後果詭論**，對大多數人來說，所謂當責，就是當期望未達成時，就需要某人去承擔後果。畢竟，沒有後果，當

責或不當責有何不同？如果你以為當責就是情況出錯時，你就得被迫採取當責以為懲罰，你就會開始害怕那些惡果，最後，就會不敢承擔更重的個人當責。

傳統牛津字典為「當責」一詞所下的定義是：「必須追究責任」。相信這個定義的人，就很容易出現同樣的思考方式。我們的社會向來在出了問題之後，只會追究責任歸屬。究責就會帶來懲罰，但是，沒有人願意接受懲罰。人們害怕懲罰的結果，導致每當他們聽見管理階層說要讓人當責，就開始尋找掩體藏身。

同樣地，人們誤認當責是組織領導階層「加諸於」每一個人身上的事，而不是組織裡的每一個人應該「擁抱它」以取得成果。

這是人們長期以來所犯的錯誤。在十五及十六世紀，都鐸及斯圖亞特王朝（Tudor and Stuart monarchies）實施歷史悠久的傳統──「挨鞭童」（whipping boy）。挨鞭童是出生於高官家庭的少年，陪王子一起讀書，也同樣享有許多特權。然而，由於人們相信國王的權勢是來自上帝，只能由他單獨管轄，因此沒有人能不當碰觸國王或他的繼承人。因此，只要王子做了什麼應該被懲罰的事，另一個男孩就得替王子挨鞭受罰。

組織中的人時常覺得自己就像那些挨鞭童。對他們來說，當責就是出了問題之後，管理階層找些代罪羔羊開罰與承擔惡果，藉此推卸自己的責任。

不幸的是，在世界各地的公司裡，大多數人都視當責為負面的活動。沒錯，當責意味著後果，但是，後果有好有壞，害怕惡果就會讓人裹足不前、害怕當責；預期善果就應該要鼓勵人們勇

於做主、樂於當責。不幸的是，並非所有的企業都能做到讓人自動自發採取當責。

第三個詭論是**共同當責**。採取當責是個人的事，但是，最終的成果則有賴期望鏈上的許多人共同做主，以取得成果。團隊、部門、分區與組織都很少成為當責對象，至少不像他們各自的領導者如此當責。個人——包括領導者——則是必須為他們的成敗當責，因為他們接受託付，自然必須負起達成期望的責任。實際上，別人說到做到、言出必行的能力，會大大影響到你為他們達成期望的能力，因為他們會讓**你**當責。

位於你的期望鏈上的人們，必須要能全心全意為你賣命才行，而這本書最主要的目的，就是要增加這種可能性。談到管理「未達成的期望」，你就必須解除共同當責的詭論，幫助人們即使在和他人一同當責的情況下，也要採取必須交出成果所需的個人當責。

個人當責與共同當責可以彼此競爭——不妨想一想，一天終了，究竟是誰應該真正為發生的一切當責？你在幫助別人更清楚了解個人當責的同時，也必須把這個詭論放在心上，他們必須超越團體共同當責，應該要有**自主感**，彷彿一切都指望著他們。當你建立了這種程度的自主感，個人當責與共同當責如影隨形的緊繃情勢就會自然消失。

【案例：為我負責在做的事，承擔交出成果的當責】

以我們公司的一位高階經理人的經驗為例，有一次，他和一群家長帶著孩子們所屬的棒球隊到迪士尼樂園度假區（Walt

Disney World）。他們預期可以得到打折的入園券，他們入住飯店之後，知道他們可以在樂園的售票口拿到那些折扣券。然而，到了售票口，迪士尼樂園的售票員表示飯店櫃檯的人說錯了，因為所有的折扣票都是透過飯店交給客人，而**不是**在迪士尼樂園的售票口取得。

有一位家長告訴那位售票員，到飯店來回一趟需要九十分鐘，而現場有二十個垂頭喪氣的小男孩在等著，換句話說，如果照他說的方法，這一群人要等到晚上七點才能進園，在打烊之前，只剩下三個小時可玩。

於是，這位迪士尼的售票員主動聯絡飯店，商量出一個有創意的解決辦法：該公司先收取一位家長的房間費用，好讓所有的入園券都能打折（這不是一筆小數目，想想所有的入園券加起來是四位數字）；那些家長和隨行人員則是稍後再去自行解決費用問題。

這位售票員不僅解決問題，還給了這一行人「快速通行」的票，以彌補因為票務問題而耽誤的時間。

這位迪士尼樂園的售票員展現個人當責力，幫助整個期望鏈獲得成功。她全面承擔交出成果的當責，拒絕將解決問題的責任轉嫁期望鏈上的其他迪士尼飯店員工。

要認清這些詭論確實存在，而且可能影響到你的期望鏈上的任何人。你自己就必須了解這點並加以解決，同時幫助別人也做到這點，這能夠促進個人當責，使人們不僅能夠達成期望，還能**超越**期望。

當責實況檢查

　　要使所有位於你期望鏈上的人們都能夠得到積極當責的力量，一開始就得先清楚說明水平線上與水平線下的意義。然後，找出你的期望鏈上，某一個未能達成你的期望的人，但是，只要他採取更高個人當責就能達成你的期望。然後，幫助此人找出他們「為何」以及「如何」落到水平線下，以及可以採取哪些步驟走到水平線上？

　　鼓勵他們問：**「我能多做什麼，不只把事情做完，還能做對又做好？」** 別忘了，給他必要的支援教練。和他們分享你自己從水平線下走到水平線上的經驗，這可以讓他們看見你要求他們做到什麼。史懷哲（Albert Schweitzer）曾說：

　　「以身作則並非影響別人的主要做法。它是唯一的做法。」

　　記住一個主要的問題，它可以令人走到水平線上，激勵他們變得更有本事，更是百折不撓地問：

　　「我還能做些什麼，把事情做對又做好？」

運用當責的風格

　　當然，以當責管理做為未達成期望的解決方案時，你的風格會影響到你使人採取更高個人當責的能力。如果你偏向於控制與強迫的風格，你也許會覺得很難理解，為什麼某人根本不想立即採取當責？如果是這樣，回想一下你自己的上一個星期，數一數你自己落到水平線下的次數。你在幫助別人走到水平線上時，要

記得這件事——要從水平線下走到水平線上，會需要個人做出抉擇，這種投入是從內心發出，能夠使人產生力量、增強個人的能力。

採取當責意味著——人們必須選擇接受與全心擁抱當責。傾向於控制與強迫的人在這個過程裡必須耐得住性子，了解當責的回報是什麼？**以短期而言，當責的回報是「交出更好的成果」；長期來說，當責的回報則是「具備更強的能力」。**

習慣於等待與旁觀的人，也許必須比較費力地告訴人們，**想要繼續有機會參與這個團隊，就必須走到水平線上。**這種轉變是個人的選擇，但是，如果人們可以清楚了解他們的選項，就會做出比較好的決定。

讓人們相信水平線上的行為有什麼好處？同時，也得表明不能低於這個水準。當與你共事的人，了解「個人當責」是你對他們的主要期望，他們就會努力檢視自己的個人當責，以滿足你的期望。

等待與旁觀風格的人可能有種不利的情況，人們對他們提出這種「承擔更多當責」的要求也許不會認真看待，因為他們認為，這個要求和你對他們其他的要求其實並沒有什麼不同。因此，**你必須清楚溝通你的要求與訊息，強調轉移到水平線上的重要性。**

當責文化

當你開始看見水平線下的行為與態度，你就可以確認，想要

解決未達成的期望，就是需要更多的個人當責。一旦你做出這個
結論，你就可以開始教練你的期望鏈上的人走到水平線上，為
「交出更佳的成果」採取「更多的個人當責」。

　　你教練別人當責的故事，會在整個期望鏈上流傳，人們將一
再傳頌。他們訴說的故事，能說服大家全心擁抱更多的當責？還
是讓人們拔腿逃得愈遠愈好？無論好壞，這些故事會形成一種文
化結構，你和所有你必須賴以完成工作、交出成果的人，都在裡
面工作；這個文化也許會幫助你達成期望的成果，但也可能產生
一些令你失敗的絆腳石。創造出前者──達成期望的當責文化
──將是下一章的重點，也是未達成期望的最後一個解決方案。

第九章小結：正面又合理的方法

如下簡述運用當責做為未達成期望的解決方案。應用這些法則將會加強你幫助他們採取更高當責的能力，以便取得成果。

當責步驟

當責模型描述的是個人當責的意義，即走到水平線上正視現實、承擔責任、解決問題、著手完成。人們推諉卸責時，將淪落到水平線下的怪罪遊戲裡。要提出這個問題：「我還能做些什麼？」這可以促使人們走到水平線上，採取更高的個人當責。

當責電流

當責電流指的是當責始於何處，以及它的流動方向。傳統上，許多組織依靠的是由上而下的流動，其中居於高位者負責創造當責。從下往上的流動則是將當責重點集中在每一個階層的個人身上，並且注重他們在自己的期望鏈上全心擁抱與創造當責時，所付出的心力。

三百六十度當責

你必須讓人當責，這些人都是你賴以達成期望的人們，包括：你的上司、部屬、同事、其他團隊成員，以及甚至組

織外的人，像是經銷商與供應商。

當責態度

談到採取更高當責，人們一般會展現三種態度：推諉卸責、斤斤計較與全心擁抱。你也許會在不同的場景裡表現不同的態度，也可能在同一個場景裡，偶爾變換不同的態度。

當責詭論

三種當責詭論使得創造個人更高當責變得更加困難：成功詭論、後果詭論與共同當責詭論。

第10章 改變文化

如果文化是解決方案

有時候你可以把未達成的期望歸因於組織文化的問題。一個訓練有素的人，既有很強的動機，又能夠採取個人當責完成工作；但是，在一個令人畏縮的組織文化裡，他們交出成果的能力就會大打折扣。

在內環的四項解決方案裡（激勵動機、提供訓練、創造當責、改變文化），文化很可能是最隱晦難解的問題。不過即使如此，加速文化改變，使得人們能夠以取得成果所需的方式思考與行動，就可以大大提高成功的機會。我們在《翡翠城之旅》一書中，就曾經詳細探討過當責文化，而我們在這裡建議的改變，能創造當責文化，成為管理未達成期望的利器。

你是否曾經有這樣的經驗？一位新同事報到，你希望衝勁十足的新同事能在意興闌珊的老同事之間點燃一把熱情之火；結果，你卻發現新同事也成問題的一部分？

當一個新同事剛進入一個組織時，可能因為成功的前景而卯盡全力往前衝，他們對公司光明的未來感到振奮，急著要開始自

己的第一個專案。但是，接下來不過短短幾個星期的時間，他們受到打擊，顯出灰心、頹喪，眼神中充滿戒備，對自己的工作也不再樂觀。

你大失所望，原本你希望新同事能協助做出改變，你希望新同事的衝勁能夠感染老同事，一起進入下一個層次；結果，新同事來不及改變提不起勁做事的老同事，就已經適應死氣沉沉的文化。

這個情形，我們稱之為「貝爾頭」（Bell-Shaped Head）症候群。這個名詞是貝爾電話公司（Bell Telephone）內部發明，那是在以前美國電話服務系統還被壟斷的時候。新員工進入貝爾電話公司，主管就會交給他們一本「綠色手冊」（Green Book），其中明列所有試過有用的公司政策與標準程序，讓員工有跡可循，手冊裡幾乎包含員工可能碰到的每一種情況。新進人員不需要思考，只要依據綠色手冊照做就行。

衝勁十足、急於表現的新同事有了新點子，上司告訴他們先保留幾年，直到他們學會「這裡都是怎麼做事的」再說。新同事被告知，在他們養出大家所謂的「貝爾頭」之前，他們無法做出真正有創意的貢獻。想像一下——竟然有公司真的**勸阻**員工進行創意與改革的思考。

現今組織裡，我們時常看到「貝爾頭症候群」和其他疾病在其中運作。這些文化上的弱點難免會阻礙進步，文化本身就是成功的絆腳石。既然組織文化可能幫助或阻擋人們達成期望，認清文化弊病的各種症狀，就是你將它治癒的第一步。以下幾個問題，可以引導你往改變的方向前進。

【自我評量 10：了解組織裡的「文化」問題】

以下問題，請以直覺回答「是」或「否」：

1. 原本應該很有本事的人，卻似乎無法克服障礙而停滯不前嗎？

2. 人們會抱怨組織內缺乏合作嗎？

3. 人們時常要求支援，以便在組織內推動進展嗎？

4. 人們時常警告別人這樣的話：「那不是我們在這裡的做事方式」嗎？

5. 似乎個人願意把分內事做好，但是，每當需要別人配合的時候，卻表示懷疑嗎？

6. 需要組織內的其他部門參與時，人們似乎不大願意訂出工作截止時間嗎？

7. 人們經常引述某些文化層面是成事的絆腳石嗎（例如人們不會說出自己真正的想法）？

如果你發現自己在上述問題中，回答了任何一個「是」，也許你就需要在文化上做點改變。這是壞消息。不過，好消息是，你可以馬上採取步驟以扭轉情勢。

要強化公司文化，第一步就需要評估，為什麼人們會以這種沒有生產力的方式思考與行動？以及他們都是怎麼做的？

為了幫助組織領導者做到這點，我們開發了一個成果金字塔（Results Pyramid）的模型。簡單說，這個模型可以找出人們如何在日常工作中，做出「自己什麼該做？什麼不該做？」的結論，以及找出這些結論的原因又是什麼？

【當責管理模型 19:成果金字塔】

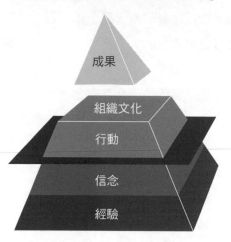

過去二十年來,我們使用這個模型和世界各地的公司合作,我們所到之處,領導者都讚美它的簡潔好用。成果、行動、信念與經驗:不過四個名詞,卻捕捉了人們行事的原因,以及他們需要做些什麼才能取得成果。

在金字塔頂端,我們找到**成果**。如前所述,**當責,始於清楚定義你的目標成果**。同樣的,當責文化也始於同一個地方。腦子裡有了特定成果,你可以自問:「人們必須採取什麼行動,才能交出那些成果?」

行動也許包含積極主動,尋求改革、刪減成本、減少循環時間、雇用與訓練所需員工,仔細籌畫新產品問世,或是學習如何在一個團隊全心奉獻的環境裡工作,這環境裡充滿了擁有高度技能與受過訓練的同仁。

接下來,金字塔促使你問:

「人們必須擁有什麼樣的**信念**，才能夠驅動這些行動？」

換句話說，人們需要如何以不同的方式思考，才能夠積極主動做到需要做的事，以取得目標成果？什麼樣的信念會促使人們擁抱新團隊的成長方法，基本準則要如何改變，好讓決策權掌握在合宜的階層，以及組織要如何提升其開放與信任的程度，以創造與維持長時間的校準？

最後是金字塔的基礎，以及一個主要問題：

「要形成這些新的信念，人們必須有過一些什麼樣的**經驗**？」

改變文化的工作很難做得好，但是最快的方式莫過於提供一些可以強化新信念的新經驗。這些新的經驗持續發生，就可以有助於將目標信念固著在任何工作小組、團隊、部門、分部或整個組織的心靈與頭腦裡。此外，這些經驗會變成人們一再傳頌於組織內的故事。我們觀察過，人們並不見得需要第一手的經驗，才能夠改變他們的信念。**好的故事是「代理經驗」**（experiences by proxy），**它們可以創造與維持新的信念。**

在我們的一個訓練工作坊裡，有個學員談到某人為了某個原因被開除。教室裡的每一個人都聽過這個故事。我們要求該公司的領導者做點研究，去了解那件事情發生在什麼時候，結果竟是發生在一九七二年！然而，人們說起這個故事，宛如那是昨天才剛發生的事。原來的角色早已消失，而許久之後，那個「代理經驗」仍持續影響該公司的信念。

我們時常提醒領導者，促使「個人當責」的行動，其實也就是讓整個組織當責的行動。每一個人都可能，也會一再述說這些故事，你做了什麼？你是怎麼做的？以及你是否做得恰當又公

平？期望鏈上的人們會分享這個故事，彷彿那是直接發生在他們身上的事。如果是個正面經驗的故事在整個組織裡旅行，它們對當責與信任的正面環境就會有很大的貢獻。但是，不幸的是，人們喜歡聽和說的故事都是負面的。因此，要記得維持警覺，你的行動將成為故事來源，它可以驅動文化信念，這個警覺會讓你仔細塑造你的經驗，最後能夠加速文化的改變。

成果金字塔可以闡釋一個文化如何出現？如何真正發展？以及你可以如何讓它迅速改變？由於這個模型在個人與組織的層次都管用，因此它適用於整個期望鏈。

【案例：從少做少錯，到自願多做一點】

在一個設有工會的工廠裡，沒有人想要做主解決問題，因此，管理階層問我們如何處理。出了問題時，人們通常保守祕密，不想讓人家知道可能讓同事惹上麻煩的任何資訊。

這種文化體現兩種不成文的規定：「低著頭做你的事」，以及「個人自掃門前雪，上司怎麼說，你就怎麼做。」這家工廠的管理階層想要改變這種文化。使用成果金字塔之後，他們開始創造出當責文化，從管理階層本身做起，一直到整個廠房。

管理階層開始約束整個工廠裡的人，包括工會領袖，他們定義清楚文化上的改變，以消除阻礙人們取得成果的問題。

將改變定義清楚之後，我們幫助他們設計一套文化信念，引導人們思考如何以不同的方式工作。他們應用成果金字塔，為彼此創造新的經驗，支援文化信念，以及所有生產成果所需的相關行動。

　　新文化遭遇了第一次真正的考驗。當時，有個爆炸事件摧毀了一個主要的製造系統，造成工廠三千九百萬美元的損失，而且，整個生產線都幾乎停擺。當他們真正讓整個系統恢復正常，並且復工之後，卻再也無法達成該系統先前廠房的生產量，他們迫切需要達成這個數字。

　　廠長弗烈德（化名）做了一件以前在舊文化裡，他做夢也沒想過會做的事——他直接去找最接近這件工作的工會成員，聽取他們的意見。

　　有一位以時計薪的作業員說：「我想問的第一件事情是，有沒有規定不能在廠區裡使用筆電？」

　　這問題讓弗烈德頗為驚訝，因此問他為什麼提出這個問題。

　　他的回答方式是，從他的工作站的書桌抽屜裡取出若干Excel製成的表單，裡頭滿是各種數字，包括該系統的停機、使用與其他技術層面的數字。他說他在家裡做了一些計算，希望可以把筆電帶來工廠，以便繼續進行他的分析。他說他可以證實他的理論，因為他認為振動感測器造成了研磨機提前關機，造成生產量降低。

　　「我知道研磨機在振動的時候是什麼樣子，」他說：「我不覺得是它在振動。我認為是振動感測器壞掉了。」

　　弗烈德告訴我們，在文化改變之前，這位作業員在「機器故障的時候，只會坐在椅子上，等著機器重新啟動」，這位作業員根本不會覺得自己有責任要想出「哪裡出了問題？」

　　然而，在新文化裡，他主動和維修人員說明他的分析。不幸的是，維修人員不接受這個理論，因為他們從來沒見過故障的振

動感測器。現在,他提醒弗烈德注意這個問題,於是獲准設法證實他的理論。他帶來他的手提電腦,繼續跑那些數字,最後工廠的工程師確認了他的數字和結論——振動感測器過於靈敏,造成不必要的關機。

工人們其實是一支動機超強又受過良好訓練且能當責的工作部隊,可惜舊文化讓工人不願積極進取;後來,新文化激勵他們「做自己的主人」,以個人當責投入尋找解決方案。

令人驚訝的是,在修好振動感測器之後,這一部研磨機的生產量,高過爆炸之前全公司其他**七部研磨機全部加起來**的總生產量。

以這個案例來說,除去絆腳石的文化,就是克服未達成期望的正確解決方案。

我們定義當責文化為**「一個處所,其中人們日常的思想行為方式,就是為了開發成功的良方,尋找答案,克服困難,超越任何可能出現的問題,以交出成果。」**在這種文化裡,每一個人都會持續問道:**「我還能做些什麼來取得成果,達成目標?」**簡言之,在這個地方,人們的思想行為方式,是達成組織成果不可或缺的。但是,並非所有以當責為主的文化都可以做到這點。

當責文化

我們檢視過世界各地的組織,進而為做出一個結論。

以當責為主的文化有五大類型:自滿文化(Culture of

Complacency）、困惑文化（Culture of Confusion）、威嚇文化（Culture of Intimidation）、放棄文化（Culture of Abdication）與當責文化（Culture of Accountability）。每一種都代表不同的理解、創造與永續當責的方法。

　　第一種是**自滿文化**，這種文化通常很妥善地定義工作，人們覺得應該對別人的期望當責，但是只有在非常狹窄的範圍裡是如此。人們慣於選擇式順從，仔細挑選他們願意當責與不願當責的事。發生問題時，你常會聽到人們說類似這樣的話：「那不是我的工作。」在這種環境裡，人們會比較不願改變，而是緊抓著現狀，缺乏自主動力持續改善。或許每個人都很努力工作，但是，僅止於專注於他們自己的工作職掌，**必須做**的工作，而不是為了改善成果，而做他們**能做**的事。

【案例：把事情做完，卻沒有做好、做對】

　　有位客戶很沮喪地描述她在這種文化裡的經驗。

　　她要求設備部門在她辦公室的牆壁上裝一排金屬掛鉤，好讓她掛些她喜歡用到的翻閱式圖表，總費用大約是四十到六十美元。

　　那些設備部門的人搖著頭跟她說：「妳不能用這個……妳這種職位的人，得用櫃子才行。」

　　接著，他們跟她描述一座非常昂貴的雕花木製文件櫃，打開裡面還有一塊白板。

　　「太大了，」她抗議，「我**不**需要那個文件櫃，我只想要有一排金屬掛鉤就好。」

後來，設備部門的人一怒之下拂袖而去，從此沒再跟她聯絡。

幾個星期之後，她要她的行政助理打電話問問她的金屬掛鉤後續情況如何。他們的回答是，她這個階層的雜項預算被刪減，現在，看起來她得自己買金屬掛鉤才行。

「自己買也沒什麼」，她想。

她有一個朋友最近才進入這家公司，職位比她高一層。她跟這位朋友談到這次經驗時，她的朋友非常驚訝，看著她，紅著臉說：「你知道嗎？我的家具都是新的……，還有一臺平面電視。我跟他們說我不需要，但是，他們說我這個職位的主管，每一個人都有一臺。」她們兩人相視大笑。

我們這位客戶跟我說，那是一個「文化時刻」。

想像一下，有一個人得不到一排價值六十美元的金屬掛鉤掛上她需要使用的圖表，但是，另一個人卻被強迫接受一臺她根本用不上的平面電視。那些設備部門的人「只是在做事而已」，從來不自問他們做的事情到底有沒有道理？

第二種是**困惑文化**，存在不同的問題。在這個文化環境裡，當責的定義並不清楚；因此人們很難預測自己什麼時候會被要求當責，什麼時候又不會。那是意外型的當責（accountability by surprise）。人們會盡力猜想哪些任務需要追蹤，至少以近期來說，然後他們暗暗祈禱，希望自己猜得對。「意外」也許是因為目標不清楚，這往往都是因為缺乏溝通，優先事項的改變，或是目標過於廣泛使然。

【案例：組織目標？讓我讀給你聽】

我們有一家醫療業的客戶，在組織的計分卡上寫了十六項目標。我們請一位管理高層的成員列舉那些目標，結果他拿出他的計分卡說：「我來讀給你們聽。」讀給我們聽？他沒記在心裡？如果連他自己都無法從記憶裡把目標抓出來，還想期待組織裡的什麼人知道這些目標？

「哦，」他堅持說：「這些目標大家都很了解，我們在每季的幹部會議上都會討論，而且我們都有記載於內部網站的儀表板。」

管理高層的每一個人給我們的回應都和他一樣，都是在一堆文件裡找，或是打開一個電子郵件，說：「我來讀給你們聽。」

實際上，他們列在計分卡上的目標，很少真正達成。我們觀察該團隊在討論他們的進程時，聽見了如下說明：「在這個十六項目標的表上，我的目標和另兩個部門目標互相衝突，」或「十六項目標中，我把重心放在我真正能夠達成的兩項，所以就沒時間管其他項目了，」甚至「我不曉得我們真的要進行表上的十六項目標」。

領導者無法理解困惑的洪流已經淹沒整個團隊。他知道這種困惑將滲透整個組織，腐蝕大家達成這十六項目標的能力。顯然人們並沒有定期追蹤，光是這點就足以讓困惑更早浮現。

為了彌補這個情況，管理團隊將他們的計分卡重新整理到前四項目標：將病人數量提高10%（數字經過調整，以尊重客戶隱私），改善病人安全（減少感染），改善病人滿意度（改善到消

費者團體評鑑的Ａ級），以及減少五百萬美元成本。焦點更集中之後，加上定期追蹤，並且更加注意這些項目範圍。這些簡單的步驟在文化裡促成了重大的改變，從茫然困惑變為清楚明瞭。

由於目標非常清楚明瞭，加上個人與組織當責，因而帶來了戲劇化的進展，該組織最重要的四項目標終於全部達成。

第三類文化是**威嚇文化**，一種**迫使**人們當責的文化。人們害怕自己會丟了工作，失去自己在組織中的地位或某些未來的機會，因此他們覺得被迫必須承擔一些責任。不幸的是，他們比較擔心的是輪到**誰**當責，而不是為了**什麼**而當責。結果，這種當責是人力施壓的當責。

有趣的是，讓人當責的人也許並不是使用強迫的方式使人聆聽或回應。無論是什麼原因，人們也許就只是淪落到水平線下，也只有在他們的工作發生危險的時候，才能醞釀出足夠的勇氣去當責。即使在這種情況下，他們感受到的威脅，也就形成了這種威嚇文化。

感覺到威脅，無論是故意、想像或暗示，都可能將人們拋入危險的「請你告訴我，究竟我該做什麼？」的模式。

【案例：威嚇還管用嗎？】

我們和一位客戶布萊爾（化名）合作，他是一個組織的領導者，該組織允許他使用威嚇做為管理工具。他是個堅強而有領袖氣質的人，他知道他要什麼，以及他什麼時候該要。為了讓這點清楚明白，他會例行對人咆哮，以取得注意。他的領導方式，讓

周遭的人充滿恐懼。結果，人們怕的是跟布萊爾說壞消息時的後果，而不是將工作完成。

有一回，我們旁觀布萊爾和他的資深團隊開會，有一位總監提出一個公司的方向，它和布萊爾自己對未來的看法頗不相同。他說完之後，你可以聽到一根針掉落地上的聲音。布萊爾一張臉漲得通紅，蠻橫的個性終於發作，他開始嘶吼著他不同意。整個會議室瞬間凍結，現場約有五十名高階主管，人人兩眼注視著地板。布萊爾用嘶吼表達他不能忍受「那種思想」，沒錯，他的確說得很清楚。

後來，他那「火山爆發」的故事傳遍全公司，大家都想起他大發雷霆的情節，厲聲斥責某人的錯誤或一個他不喜歡卻很誠實的意見，或是開除了某人，卻連眼睛都不眨一下。

他的自我感覺良好，帶著一個最優先的要求——要有足夠的準備，取得成果，否則就等著瞧！而且，他自滿於這樣的名聲。畢竟，這種作風在他身上似乎很管用。

一年前，他獲頒全公司最佳績效業務單位的領導獎。所有的恐嚇在短期間都似乎產出成果，甚至帶來若干績效獎，然而，會後這些威脅都開始發酵，他灌注的恐懼開始變成怨恨抗拒，以及長期的不良後果。

【案例：受訓不足的機械工】

在放棄文化裡，人們可以不計代價逃避當責。我們有時候稱之為「疏忽當責」（accountability by omission）。

紐約市大都會交通局（Metropolitan Transit Authority，以下簡稱MTA）就曾經嚐過這類行為的惡果，他們在一九九〇年投資了將近十億美元，在他們的地鐵系統裝設兩百部新的電扶梯與電梯。

儘管這項投資金額龐大，這項專案的問題卻是一一浮現，在裝設之後的第一年之內，就有六分之一的電扶梯與電梯停擺超過一個月。

一九九〇年代，一百六十九座電扶梯中，有六十八座曾經發生故障，電扶梯的故障率高達四成。而且，有六成七的電梯曾經故障，把驚慌的旅客困在電梯裡面。誰還有辦法開始計算這些故障的成本？當然，他們會快速吸引關注吧？才怪！放棄文化不是這樣的。

這問題在某些地區是引起了相當的關注。《紐約時報》花了幾個月的時間進行研究，分析十年以上的紀錄。他們的研究發現，終於讓交通局承認而揭發了一連串的弊端。包括若干我們討論過的內環問題：機械工人只接受了四個星期的訓練，而其他成功的交通系統的機械工人接受的卻是四年的學徒訓練，包括一千三百小時的課程訓練；組織程序缺乏效率，只允許機械工人用一半的工時去修理機械問題；管理階層快速決定讓設備恢復運行，而沒有確實解決問題；設計上的缺陷讓設備在安裝之後不久便發生故障。這些問題加在一起，似乎就沒有人願意當責，進行必要的修理措施。

這些電梯和電扶梯每天要服務五百萬名地鐵乘客。MTA的地鐵列車和公車的維修工作都有優異的表現，也頗受好評，但是

負責附屬設備——包括電扶梯和電梯——的部門則是以截然不同的文化運作。機械工人會做點小小的調整，結果卻發現八天之內故障五次。交通局知道他們的訓練極度不足，機械工人並未具備所需的技能去修理機器，然而他們對這項事實視而不見，依然送上那些準備不足而且欠缺交出成果的動力的機械工人上場。

所幸電梯和電扶梯的總監督喬瑟夫·喬伊斯（Joseph Joyce）提出了文化上的問題，他說：「我試著讓這些人這麼想，那可能是令堂，手上拿著柺杖，需要電扶梯。這世界上沒有什麼東西是掛保證的，很可能下星期我們之中就有人得坐輪椅。而如果你想要享受這個城市，你就必須要能夠使用公共運輸系統。而且，你需要那座電梯會動才行。」

當人們放棄當責時，留下來的虛空真是大得可以。它會導致普遍的無力感，而感染到組織裡人們的一切所作所為。在這種環境裡，人們不再希望任何事物能夠變得更好，他們屈服於放棄的文化裡，完全不去嘗試採取當責、改善現狀。

最後，我們來到最好的文化，所有的公司都應該想要這種文化，而且它最能夠有效交出成果。這種文化就是當責文化，能將當責的力量極大化，讓人願意完全承擔。在這種文化裡，人們選擇採取個人當責，為他們的成敗承擔完全責任，總是努力在水平線上運作，應用當責流程模型的外環與內環的法則與實務，他們讓好事成真。當面臨難以避免的不愉快的意外與問題時，會迅速從水平線下移往水平線上，修正低潮的狀況。

【案例：每桌多賣一道前菜或甜點】

史密斯菲爾德（Smithfields，化名）是一家大型股票上市的連鎖餐廳，它面臨了連續數季的虧損，以及預期利潤可能短缺高達四千萬美元，新的執行長馬利歐·力祖托（Mario Rizzuto，化名）宣布，新的一年的計畫是**利潤**要達到四千兩百萬美元。組織裡的每一個人都已經習慣了季復一季的損失，這項宣布讓大多數人大吃一驚，只覺得荒誕無稽——從損失四千萬到獲得四千兩百萬美元的利潤？結果我們協助新的執行長創造了當責文化，那將會使得水平線下的行為與態度從期望鏈上全面消失，水平線上的思想與行為則將是日常的準則。一年半之後，當史密斯菲爾德達到四千萬美元的利潤，這項進取的動作將一開始的驚訝全轉成了光榮感。

他們的努力從清楚定義成果與消除所有關於優先事項的困惑開始。馬利歐有一回發現公司落後計畫中的四百萬美元之後，便將這四百萬美元拆解開來，分析成光顧餐廳的客人數字、上班的班次，以及服務客人的員工數字。他分析出來的結論是，史密斯菲爾德只需要從每一個來用餐的客人身上多賺十一美分的營業額。達到這點，就可以迅速讓他們回歸計畫。管理階層回去約束期望鏈上的每一個人，並問：「我還能做些什麼，才能有助於達成這項成果？」

整個組織動了起來，餐廳員工開始上上下下地搜索，設法地想要令人刮目相看。那些曾經在上班時間到各桌巡視的店長想出一個主意，他們到每一張桌子巡視，給客人一個小小的卡片，上面印著一道可口的前菜，那正好是菜單上利潤最高的單品。服務

生一定會記得讓每一張桌子的客人看到甜點展示，令人垂涎三尺。每一個人都知道，他們只需要每一桌多賣一道前菜或甜點，就能夠達成整體的目標。一個月之內，他們就已經達成目標，安全回到軌道上。當責是最好的企業文化；它可以激勵人們產生成果，讓整個工作環境振奮起來。

　　花一點時間，回顧這五項常見的當責文化，考慮哪一種最能夠形容你目前的工作環境。研判哪裡有所欠缺，有什麼能夠改變

【當責管理模型20：五項普遍的當責文化】

	文化	採取當責時，是……	這種當責文化的特色
最佳	當責	個人選擇	人們自願為自己的成敗採取個人當責。
	自滿	選擇性順從	人們只為自己的工作當責，而定義則是盡可能狹窄。
	困惑	驚訝	人們不確定他們該為什麼當責，因此他們會做出最好的猜測，希望自己猜得對。
	威嚇	個性使然	人們覺得被迫承擔時，才會當責，比較擔心的是他們該為**誰**當責，而不是該為**什麼**當責。
最糟	放棄	省略不計	人們想盡辦法避免為任何事物當責，包括他們自己的工作。

你自己達成期望的能力。

要判定你的期望鏈目前運作其中的當責文化是哪一種，使用成果金字塔（見【當責管理模型19】）可以幫助你想通應該創造哪些經驗，才能夠驅動當責文化所不可或缺的信念。幫助人們了解當責（如我們在第九章所述），然後創造出支援的環境（如本章一開始所述），就可以讓你開始建立良好當責，並使其成為你的文化的定義特色。這類文化將包含組織誠信（Organizational Integrity）的三種核心價值。

組織誠信的三種核心價值

在當責文化中工作的人都會強烈感受到我們所謂的「組織誠信」。那是個人誠信的集體版本。其中「**我**說到做到」變成了「**我們**說到做到」。

楊百翰大學（Brigham Young University）的創辦人卡爾‧梅瑟（Karl G. Maeser）曾經形容「誠信」對他的意義：

「誠信就是，把我關在牢裡──牆這麼高這麼厚，窗子離地這麼遠──既然承諾脫逃，我還是可能越獄。誠信就是，我站在地板上，周圍畫一個圓圈，要我保證絕不跨越。即使沒有任何阻擋，我可能離開這個圓圈嗎？不會。絕對不會！我寧死也不會跨出圓圈一步！」

沒錯！誠信就是言出必行、說到做到。組織誠信指的就是一個團體共同承諾以誠信做為行動的指導方針。他們盡力信守承諾。

　　幾乎在任何一個組織裡，每一天你都可以聽到人們說些這樣的話：

　　「煩死了！幾乎每一天都有人跟我說，她會在中午時交出報告，可是，現在已經下午三點了，我還是沒收到，而且連一句解釋也沒有。」

　　「我知道我們到第三季結束時，交出的數字會很難看。但是，我不會跟我們的管理高層說，我們的數字會比華爾街的預期低15%。」

　　「每次資訊部門設定截止期限，但他們都無法如期交差。這裡沒有人能做點什麼計畫嗎？為什麼沒有人能說到做到？」

　　在我們擔任企業的當責教練的過程裡，我們知道，像這樣的怨言如果瀰漫了整個組織，就是組織誠信發生問題的徵兆，也有潛在的當責危機。這個問題如果不處理，組織就可能為他們的不用心付出慘重的代價——整個期望鏈都無法達成期望。

　　不幸的是，過去幾年進入職場的工作者，有許多人進入的工作環境並非全心全意接受「誠信為首要價值」。

　　約瑟夫森道德研究所（Josephson Institute of Ethics）進行過一項研究，他們針對三萬三千名從至少一百所美國中學畢業的學生進行調查，其研究結果顯示，這些學生當中，30%承認他們去年曾經在商店裡偷竊，64%承認考試作弊，36%承認他們用網際網路以「複製與貼上」的方式剽竊別人的作品當成自己的作業交出，42%說他們有時候會為了省錢說謊。令人驚訝的是，接受調查的學生當中，有93%認為自己的道德與人格都很高尚。

　　在學校裡作弊不是什麼新聞，但是，當人們認為將它帶到職

場上也沒什麼不對時，這種行為就會和當責文化的基礎價值互相
矛盾。

組織誠信為何如此重要？答案很簡單，因為，當人們盡心盡
力信守承諾、說到做到時，工作就變得「能預測」，全心全意投
入也將成真。你如果能夠指望與你共事的人貫徹執行你交付的工
作，讓人當責的過程就會變得比較積極正面。

最重要的是，要使位於期望鏈上的人們，彼此的往來方式是
要能產生成果，維持互信與尊重的關係，此時，組織誠信就是它
的核心。

文化要維持良好當責的氛圍，就必須具備三項核心價值，而
三項價值建構我們所謂的「組織誠信」。這些價值緊緊相依，創
造真正可行的當責文化。沒有這三項價值，組織誠信將腐蝕殆
盡。我們為這三種價值命名，使它們化為行動 ── 貫徹執行
（Follow Through），面對現實（Get Real）和勇於發聲（Speak
Up）。

**貫徹執行指的是「言出必行」；面對現實指的是「看見真
相」；而勇敢發聲則是指「有話直說」。**每一項都是組織誠信不
可或缺的基本元素。缺乏這些價值和它們驅策的行動，就沒有人
能期待真正當責。完全而持續聚焦於其上，就讓人們能以正面又
合理的方式讓他人當責。結合這三種價值，隨時強調它們，是最
能夠讓人當責、達成期望、交出成果的方法。

貫徹執行

當你預備貫徹執行你所說的事，就會仔細思考你做出的承

諾。你會設定一個有意義而且能達成的「幾月幾日幾點幾分之前」。而且，你會小心翼翼地不過度承諾並能如期交差。如此一來，別人根本不需要追著你交出進度報告——因為，他們知道你很可靠，你會盡一切力量信守承諾、讓它成真。

當你承諾一個截止期限，人們會接受，因為他們知道你已經想得夠久、也夠努力，覺得自己有信心交出期望成果。當你做出承諾，人們知道你確實這麼想，而且你會貫徹執行，保證自己一定能做到，他們也信任你能做到。

前英國首相邱吉爾（Winston Churchill）贏得英國人很高的信任，因此，當他在一九四〇年六月四日在眾院發表談話時，全國民眾都相信他說的話：

「我們應該要作戰到底，我們應該要在法國作戰，我們應該要在海洋上作戰，我們在空中應該要有更強的信心與力量。我們應該要保家衛國，無論要付出的代價可能是什麼；我們應該要在海灘上作戰，我們應該要在山上作戰。我們不應該投降，而且，即使這座海島或更大的部分被征服而處於挨餓狀態——雖然我絕對不相信它會發生——那時候，我們在海外的帝國，那由英國艦隊武裝防衛的帝國，還是會繼續奮鬥。一直到以神之名，新世界帶著它所有的力量昂然挺立，拯救並解放舊的世界。」

如我們所知，他貫徹執行這項驚人的承諾，也交出漂亮的成績單。

當一個文化中的每一個人都信守承諾貫徹執行，人們就會相信彼此做出的所有承諾保證與截止期限，而且這種信任感會建立並強化積極正面的當責關係，以加速業務進程。

面對現實

「面對現實」指的就是「看見真相」。承諾面對整個組織的現實，就可以加速工作進度，改善你交出成果的能力。當人們拒絕面對真相，積極正面的當責就會停止運轉。

的確，我們偶爾都會發現自己很難「看見真相」，尤其，當我們認為它可能讓某人覺得不快樂或看起來情況很糟。然而，「面對真相」可以讓一項計畫有所進展，嘗試創造出快樂的幻想卻不行，無論你是本著何等的善意。

創造一個環境，其中人們只要看見真相，就可以讓人們認清自己的現狀，讓他們看見自己需要採取什麼樣的當責，才有可能讓他們交出成果。

我們和一家大型組織「ADH」（化名）合作時，聽到一個故事，這可以說明「看見真相」的重要性。

【案例：即將停產的原廠藥與替代的學名藥】

ADH曾經製造一款原廠藥（Brand Drugs），用來治療一種較為罕見的疾病。由於這款原廠藥並非暴利來源，但在市面上卻已經賣了很多年。後來，ADH做出停產該藥的決定。

有一位父親，他的女兒就靠這款原廠藥控制病情；有一天，當他去藥局拿藥時，卻發現訂單被退回。

他並不知道ADH正打算把庫存賣完，然後完全停產，但是，ADH並沒有宣布公告這個消息。因此，這位父親因為買不到藥而心急如焚，於是寫了一封信給ADH的總經理，說明他的

憂慮。

　　這位總經理指示一位ADH的高階主管比爾（化名）進一步了解這個問題。

　　比爾勤奮地深入調查，發現不只是需要此藥的顧客不知道該藥即將停產，就連ADH，也只有少數員工知道這項決定。

　　比爾更深入挖掘，他知道有種隨處可見的學名藥，可以有效取代ADH的該款原廠藥，因此，他把該款學名藥的訊息告知這位憂心忡忡的父親。〔編按：學名藥（Generic Drugs）是指原廠藥的專利權到期之後，其他合格藥廠可以依照原廠藥申請專利時公開的藥物配方，製造相同成分的藥品。〕

　　這位父親很感謝比爾提供這種學名藥的資訊給他，因此，他到當地的藥局去，結果發現那款學名藥的一些成分和ADH的原廠藥配方不同，而且根據一位營養學者和一家大學醫學中心附設藥局的說法，那一款學名藥並不是妥當的原廠藥替代品。

　　這項消息並未阻撓了比爾，他主動接洽該學名藥的製造商，對方通知比爾，那個學名藥能夠完全替代原廠藥。於是，比爾再度打電話給那位憂心的父親，跟他說明其中的科學根據。然後，他打電話給那家大學醫學中心附設藥局，也做了同樣的說明。

　　最後，比爾要求ADH一定要發一封信給全國所有醫生，詳細說明該款學名藥做為原廠藥替代品的合適程度。

　　我們都很喜歡以這個故事說明當責文化裡的核心價值，有幾個原因。

　　首先，它強調堅定投入「面對現實」的重要性。它同時顯示

這種「重視真相」的作風,不僅在短期內可以幫助人們解決問題,長期而言對組織也有好處。如果組織的當責文化較差,一個低度當責的員工只會跟那位父親說:「我們不再生產那個產品,所以請你和你女兒的醫生商量,找個替代藥物。」

結果,比爾並沒有這樣做,而是走上「追求真相」之路,交出符合期待的成果。

勇於發聲

最後,在當責文化中運作的人會說出必須說出口的話,在需要的時候說,而且保證別人都會聽到。要做到這點,他們需要一個環境,讓他們不用害怕反彈,因為那種恐懼感可能力量強大到任何人——甚至一個平時很有主張的人——都會噤若寒蟬。

二〇〇一年六月,一項針對紐約市克里夫敦地區的克里夫敦泉醫院與診所(Clifton Springs Hospital & Clinic)的調查顯示,超過四分之三的員工覺得報告醫療錯誤令他們感到渾身不自在,另外,二〇〇〇年全國倫理研究所(National Institute of Ethics)針對一千家執法單位的新進人員進行一項調查,顯示有幾乎一半的人曾經親眼目睹另一位同仁的行為不當,卻沒告訴任何人。接受調查的人當中,有將近80%的人承認,這個國家的執法單位有一項不成文的緘默守則(code of silence)。那些研究支持了我們的論點,「勇於發聲」並不是一件容易的事,即使在那些必須勇於發聲以維護他人生命的行業裡也是如此。

我們有一位客戶時常重複述說一個真實的故事,說明勇於發聲的重要性。

【案例：承認醫療過失的醫生】

　　有一個醫生在他的診間裡為一個病人打針。不幸的是，他誤打了放射線清潔液（radiology cleaning fluid）。不到二十分鐘，病人已經身亡，家屬原本以為他們親愛的家人只需要一個小小的治療，結果卻令他們非常震驚。醫生幾乎馬上明白那兩個看起來極為相似的瓶子並排放在櫃檯上，裡頭裝的卻是截然不同的藥劑，而他用的是錯誤的注射劑。

　　即使很可能面臨醫療過失的訴訟，醫生還是向家屬坦承他犯了致命的錯誤，也願意為一切後果當責。醫院的保險和家屬達成了財務上的和解，病人家屬很佩服醫生的開放與坦誠，因此決定不提出民事訴訟。

　　在這一切發生之後，家屬和醫生成了好朋友。由於該家屬和醫生處理這起悲劇的方式得當，因此過去幾年來，每當醫院舉行年度安全宴會時，都邀請他們到場頒發醫院的安全獎。

　　不過，故事並非到此為止。後來人們發現，就在該事件發生之前兩年，同樣的情形發生在鎮上另一所醫院，另一位醫生也犯了同樣的錯誤，使用致死的藥劑，病人也同樣死亡。這兩家醫院雖然屬於同一個大型醫療體系，但是這位醫生不像之前那位勇於發聲的醫生，而是選擇隱瞞自己的醫療過失，不讓醫院的任何人知道。假如那位醫生也勇於發聲，他們的連鎖醫院就會採取一些措施，避免重複相同的悲劇。創造一個環境，讓人們說出需要說出口的話，就有助於建立一個好的環境，使當責能夠發揚光大，以維持真正的成果。

　　貫徹執行、勇於發聲與面對現實的重要程度，形成組織誠信的鐵三角。建立與提倡這些價值，就可以幫助期望鏈上的人以正面又合理的方式讓人當責。

當責實況檢查

　　現在，請你花點時間思考你的組織（或你的期望鏈），目前的組織誠信情況如何。使用如下的計分卡為自己、你的團隊、部門、分部或公司（所有你需要倚賴他們交出成果的人）評分，寫下一個字的分數（甲到戊、一到五，或是任何你學校裡的評分方式）。你為自己和他人評分時，記得，千萬要完全坦白。

【自我評量11：組織誠信的三種核心價值】

組織誠信價值	描述	為自己打分數	組織／期望鏈分數
貫徹執行	我說到做到、言出必行、盡心盡力趕上截止期限。		
面對現實	我全心全意看見真相；我努力了解人們真正的想法，並承認事物的真相。		
勇於發聲	我有話直說，無論是什麼。		

　　如果你得到高分，那就恭喜你了！你很可能享受到與組織誠信相關的價值。如果你的分數很低，就表示你需要認真使用成果金字塔（請詳見【當責管理模型19】）做為你的方針，以建立當

責文化的核心價值。坦誠地和人們討論你打算做出這些改變，會有助於讓你走上正確的道路，讓它成真。

當責文化風格

　　就和所有內環的解決方案一樣，你的當責風格會影響到你解決文化問題的能力。如果你具備控制與強迫的風格，就應該要記得，你無法用宣告法令的方式創造當責文化，只有用邀請的方式才能創造當責文化。換句話說，你必須公開提倡，做法是勸服組織中的人，讓他們了解前進到水平線上，對大家都有好處。創造新的經驗，讓這些新的信念在勸服的過程裡也能夠產生助力。

　　同樣重要的是，你需要建立流暢的意見回饋管道，人們才能對於相關進展或缺乏進展的訊息勇於發聲、面對現實的行動。由於控制與強迫的風格的人通常會讓人感到畏懼，因此，創造一個非正式的溝通管道，能夠幫助你了解組織內的現狀，以及人們的進度是否順利而能達成你所期望的成果。

　　如果你比較偏向等待與旁觀的風格，也許就需要更用心效法組織誠信中的三項要素。這種風格的人比較喜歡非正式且不用說話的方法，因此你必須為別人創造一些可信的經驗，以身作則地貫徹執行、面對現實並勇於發聲。你還必須清楚表示你希望他們也都能夠做到。

　　如果你沒有用心去做，就會發現人們會需要比較多的時間，才能相信你是真的希望看到這些特性，不僅只是當責文化的一部分，而且也是「我們在這裡的做事方式」。

選擇一些正確的時刻，表現你認真的態度，就可以強化你加速期望鏈上的文化改變的能力。

內環

在某個時候，文化可能成為無法成事的障礙。創造當責文化能幫助你所依賴的人在期望鏈上暢行無阻，交出你期望他們做到的成果。想要創造真正的當責文化，就需要建立組織誠信的三種價值——貫徹執行、面對現實並勇於發聲，那是當責之所繫。

管理當責文化的真正好處是，在某個時候，它會開始管理你和那許多與你共事的人。創造當責文化，成功就變得比較可以預測，因為人們會開始主動多做一些、自願多承擔一點責任，問：「我還可以做些什麼，把事情做對、做好？」以交出成果所必備的方式思考與行動——這是一種最好的文化，它會培養出一種環境，讓你可以用正面又合理的方式讓人當責。

第十章小結：正面又合理的方法

　　如下簡述的主要概念可以幫助你在管理未達成的期望時，讓文化提供最佳解決方案。本章的工具是以我們的《翡翠城之旅》中的法則為基礎，它們會有助於讓你轉變到當責文化。

當責文化

　　在最佳文化裡，人們在日常的思想與行動當中就會採取當責，尋求解決方式、找到答案、克服障礙，這是必備的當責文化。

成果金字塔

　　這裡說明「人們為什麼做哪些事？」其中包含四項連續的步驟：經驗驅動信念、信念決定行動、行動產生成果。

當責文化

　　五種普遍的文化型態代表組織了解、創造與維繫當責的方式：自滿文化、困惑文化、威嚇文化、放棄文化及當責文化。

組織誠信

　　組織誠信指的是在一個當責文化當中，組織中和期望鏈

上的人都會努力說到做到，並遵守三項核心價值：貫徹執
行，面對現實與勇於發聲。

- **貫徹執行**
  當責文化中的人，確保自己言出必行。

- **面對現實**
  當責文化中的人，一定會用心看見真相。

- **勇於發聲**
  當責文化中的人，認為自己有話直說。

結論

當責語彙

我們和客戶往來的經驗愈多，愈欣賞大家有一套共通的語彙，它讓我們在討論取得成果的問題時，對話可以更充實而清楚。在培養個人更高當責力時，我們看見人們使用我們在《當責，從停止抱怨開始》一書中介紹的語彙，而加快解決問題的速度，因為他們會時常問自己，也問別人：「**我們在這件事情上面，怎麼落到了水平線下？**」或是「**我們需要做什麼，才能回到水平線上？**」

在這本書裡，我們細心打造類似的語彙，讓你可以運用正面又合理的方法讓人當責。當你要求期望鏈上的人使用「外環」和「內環」這樣的名詞來設定及管理主要期望，你會發現，他們在解決你的組織內日常發生的問題時，動作會又快又有效。這些語彙不僅是有用的縮寫，可以用來描述人們還需要做什麼才能夠前進以取得成果，它還可以強化讓人當責的正面又合理的方法。

想像你自己置身於這個場景：

有一家大型零售連鎖公司白雪（化名）的總部設於芝加哥，而你是它西南區的區域經理。芝加哥的管理高層要求你的團隊今

年要達成某一個大膽的數字,而你的目標則是要你的區域成為全公司的第一名。你知道要讓這個美夢成真,不能只是發布一道命令,或是來一段振奮人心的談話就能做到。於是你決定運用當責流程設定與管理這項主要期望。

首先,你帶著你的團隊走過整個流程:

「未來我們要成為白雪家族的一個重要成員,但是在我們開始討論這點之前,我要大家先熟悉一個概念,也就是設定期望及如何管理未達成期望的概念。」

你得強調,要做到這點,需要的並不是速成法或是仙丹妙藥。「我們這一行最近處境很艱難,要取得成果就必須更加投入、努力才行。」

你的團隊已經了解當責流程的整個模型所具體呈現的法則之後,就建議他們開始討論外環。

【當責管理模型1:外環:設定期望】

　　大家馬上就可以明白你打算溝通一個重要的期望，你希望他們可以做到。他們的天線豎起來了，人人用心聆聽你接下來要說的話：

　　「這件事我想了很久，也和公司及期望鏈上的其他夥伴討論過，現在我形成了這個主要期望：我們要在這個會計年度結束時，在計分卡上的五大績效項目的排行榜上，成為全公司第一名的區域。要拿到這些項目的第一名，每一家分店的貢獻都必須提高。」

　　接著，你向大家強調，只要你的區域能夠達成或超越這項主要期望，大家可以得到什麼好處——在低迷的經濟局勢之中，享有一份穩定的工作，還有獲得升遷的機會與驚喜的紅利，以及績效帶來的滿足與光榮。

　　最後，你強調公司希望看見白雪的所有單位都能夠達成這樣的績效，而你的期望正符合公司的這項期待。

　　和大家溝通你的期望之後，接著詢問坦誠的意見回饋，以尋求校準。有一位經理毫不遲疑地說：

　　「這是個好目標。我們都想成為第一名的區域，但是事實如何呢？店裡的員工問題是我們落後的原因。你看到最近請假率有多高嗎？已經破表了！」

　　你點點頭表示同意，接著說：

　　「是的，我知道這真是個問題，但是在我跳進內環之前，要先確定我們是翻在同一頁。」

【當責管理模型2：內環：管理未達成的期望】

內　環

管理未達成的期望

當責對話

　　繼續討論白雪場景之前，我們先暫停一下，思考如何判斷目前你的位置應該是在當責流程中的外環或內環。學習找出某些啟動器（詳見【表11-1】），你就可以加速尋找正確的解決方案，看你究竟應該進行更好的形成、溝通、校準與檢視期望，或是設法激勵動機、提供訓練、創造當責或改變文化。無疑地，你必須先讓自己當責。

　　回到白雪的場景，你的一位經理主動表示：

　　「我想我們在這個期望上，是已經校準了。我們都想要成為第一名的區域，無論在計分板上的哪一個項目，而且我們都會盡全力確保我們可以前進，這是毫無疑問的。但是，顯然我們有些內環的問題必須處理。我想我們已經可以跳進內環，找出正確的解決方案。」

【 表 11-1：將你移動到外環或內環的啟動器 】

外環啟動器	內環啟動器
人們無法正確說出你的期望。	人們無法交出成果。
人們表示他們認為你的期望不切實際或難以理解。	人們似乎缺乏足夠的本事,那是唯有他們投資了「心靈與頭腦」之後,才能顯示出來的能力。
人們似乎不了解期望背後的「為何」。	人們顯然欠缺交出期望所需的技能。
人們顯示他們無法對準你所設定的方向。	人們太常落在水平線下;他們為自己的缺乏進展找出一個又一個的藉口。
人們不會主動回報我們期待的進程。	人們相信組織內的事務有一套運作方式,這個信念使他們無法做到達標致果所需要做到的事。

【 當責管理模型 3：內環：四項解決方案 】

你的團隊開始投入內環的討論之後,另一位經理問:「這難道不是動機的問題嗎?員工都受過很好的訓練,但他們都不了解為什麼準時來上班是很重要的事,而且他們沒來的時候造成的混亂,顯然他們也不在乎。」這個意見有幾個人點頭同意。

不過,有人提出不同的看法。

「我認為是個人當責的問題。我們的經理都不敢貫徹執行必要的績效教練,因為他們覺得把那些時常請假的人換掉,還不如忍耐請假的問題。主管們都相信,只要你打電話給那些請假的人,他們就會乾脆辭職。」

這個看法很有意思。

你打斷話題,說:「有多少人同意這個看法?」所有的人都同意。

「所以,」一家分店的店長加入討論:「我們需要把他們納入『緣由』當中,而且當他們沒來上班時,我們就必須貫徹執行績效計畫。」

說得好。

你繼續說:「沒錯,而且等我們討論完我們的目標,我們就千萬必須當責,達成目標。」

眼前有兩個選項,動機和當責,你建議大家暫停一下,也許問題還包括未曾妥善運用外環的步驟。

「好了,大夥兒們,還記得當責對話中的三個步驟。在我們選定內環的解決方案,將它設定為一個主要期望之前,我們得先問問自己,我們是不是已經有效應用外環的流程:形成、溝通、校準與檢視我們之前的績效期望。」這個建議讓大家想了起來。

「沒錯！」提出動機問題的那位說。「如果我們要讓這新的期望運作得很好，我們就得先想出我們還能做些什麼來避免請假成為一個問題。」

另一陣熱烈討論帶來一個普遍同意的結論，即該團隊在形成與溝通期望方面做得很好，但是需要更注意校準與檢視的問題。另一位經理做此結論：「那就會有助於激發大家的投入，並投資心靈與頭腦，才能夠激勵大家每天都一定會來上班。」

你請團隊再提出其他可能阻礙這新點子的議題。一隻手迅速舉起：「我們要怎麼做才能讓我們的銷售人員受到足夠的訓練，讓他們可以登記好新的促銷方案？」

每一個人都知道，需要新的收銀機以因應即將登場的促銷方案時，公司提供訓練的速度往往很慢。

「內環！」有人大喊一聲，引起一陣鬨堂大笑。你也笑了。

「很好。現在我們可以進行當責對話的下一個步驟，選擇一項內環的解決方案。」

另一位團隊成員主動提出洞見。

「這是文化問題。公司總是在處理完其他所有的區域之後，才會輪到我們這一區。這種情形已經持續十年了。他們向來的訓練順序都是從第一區開始，我們正好是第九區！」有人建議，由於第九區過去的績效表現良好，你應該要試著跟他們商量，改變訓練順序。你同意為此當責。

你將一行人帶回外環，引導一番對話，討論人們是否覺得你們都可以改善你們在校準與檢視上的技能。當責對話的第三步，你帶領團隊回到外環，執行該計畫。最後，大家同意整個期望鏈

要提高進展報告的頻率。他們也同意要在他們的店裡處理動機和當責的問題。

「做得好，」你說：「現在，我們是不是也同意使用外環的步驟去進行我們想做的事，確保我們可以達成這個主要期望？」

大家此起彼落地說：「是啊！當然，沒問題！這是一定的！」通過了這項請求。「而且我們會注意任何需要內環解決方案的問題？」點頭微笑回答了這個問題。

【當責管理模型4：當責流程】

你讓整個團隊知道，你是多麼感謝他們今天使用了當責流程的外環與內環來引導這一段有意義的對話，而且你期望未來還有許多像這樣的會議，讓你們能夠專注於你們的任務，達成大家都期待的成果──第九區第一名。

我們在我們的事業生涯裡，曾經協助過世界各地無數客戶創

造個人與組織當責,使他們取得成果。我們看著組織中,每一個階層的人,在經濟的每一個區塊,你想像得到的每一個行業,人人都在同樣的基本問題裡掙扎:

「我要如何有效**讓別人**當責,以取得成果?」

經驗告訴我們,這個問題很難回答。然而,我們可以向你保證,只要你做對了當責,人們就會有反應。做錯了,他們就會反抗。反抗的結果,你達成主要期望,取得目標成果的希望也將隨風而去。

正面又合理的方法為你鋪好簡單合理而妥善的一條道路,讓你做對當責,這條路你可以一走再走,以培養士氣取得成果的方式讓人當責。這時候,人們會願意投資他們的心靈與頭腦,滿足並超越你的期望,最後交出很棒的成果,那樣的成果,絕對不會讓你百思不解:「怎麼搞的!事情怎麼會變成這樣?」

工具索引

◎祕技

中文譯名索引

（編按：以該名詞中譯首字筆畫排列，共分三類：當責語彙、組織名、人名。）

【當責語彙】

【組織名】

◎六畫

◎七畫

◎八畫

國家圖書館出版品預行編目資料

從負責到當責：我還能做些什麼，把事情做對、
　做好？／羅傑‧康納斯（Roger Connors）、
　湯姆‧史密斯（Tom Smith）合著；江麗美
　譯. -- 初版. -- 臺北市：經濟新潮社出版：
　家庭傳媒城邦分公司發行, 2011.07
　　面；　公分. --（經營管理；80）
　譯自：How Did That Happen?: Holding
　　　　People Accountable for Results the
　　　　Positive, Principled Way
　ISBN 978-986-120-903-6（平裝）

　1.企業管理　2.企業領導　3.組織行為

494　　　　　　　　　　　　　　　100011697